黑影师
的后期必修课

赵新科 ——编著

黑白影像篇

人民邮电出版社
北京

图书在版编目（CIP）数据

摄影师的后期必修课. 黑白影像篇 / 赵新科编著
. -- 北京：人民邮电出版社，2024.6
ISBN 978-7-115-62872-5

Ⅰ．①摄… Ⅱ．①赵… Ⅲ．①图像处理软件 Ⅳ.
①TP391.413

中国国家版本馆CIP数据核字(2023)第193867号

内 容 提 要

想要修出好照片，精通数码摄影后期处理技术是必不可少的。本书系统全面地介绍了如何使用后期处理软件制作黑白影像，旨在帮助读者打造出独特且富有表现力的黑白影像作品。

本书主要内容包括黑白影像的特征，制作高品质黑白影像的流程与案例，如何获取不同级别的选区，影调的理念与应用，对黑白影像做局部处理，灰度蒙版原理和锐化技巧，制作经典黑白山水作品，制作经典人文摄影作品，打造经典黑白影像中的柔美感，经典黑白影像中的玄色，经典黑白影像中的锐化，等等。

本书适合数码摄影、广告摄影、照片后期处理等领域各层次的读者参考学习。无论是专业修图师，还是普通的摄影后期爱好者，都可以通过本书迅速提高黑白影像作品后期处理水平。

◆ 编　　著　赵新科
责任编辑　胡　岩
责任印制　周昇亮

◆ 人民邮电出版社出版发行　　北京市丰台区成寿寺路 11 号
邮编　100164　电子邮件　315@ptpress.com.cn
网址　https://www.ptpress.com.cn
天津市豪迈印务有限公司印刷

◆ 开本：690×970　1/16
印张：12.75　　　　　　　　2024 年 6 月第 1 版
字数：222 千字　　　　　　 2024 年 6 月天津第 1 次印刷

定价：89.00 元

读者服务热线：(010)81055296　印装质量热线：(010)81055316
反盗版热线：(010)81055315
广告经营许可证：京东市监广登字 20170147 号

　　"达盖尔摄影术"自 1839 年在法国科学院和艺术院正式宣布诞生后，其用摄影捕捉、定格瞬间的能力一直让我们着迷。某种程度上，摄影的核心是对摄影人内在感知的转化——围绕日常事物、自然环境、新闻等命题展开创作，对看得见的、看不见的，以及形而上的一种诠释。不同的作品也体现了摄影人个体性、差异性的价值观。

　　在数字时代，几乎每个人都拥有一部带有摄像头的智能手机，出于对外在的感知、思考和记录，不管创作和传播的技术如何发展，摄影的基本行为和摄影存在的基本理由似乎让我们所有人都成为了"摄影师"。

　　然而，就创作手段而言，简单地复刻外在场景难以达到深刻的情感共鸣。事实上，无论是纪实新闻，还是艺术题材，摄影从来都不是简单的"再现"。摄影创作，永远与艺术家的想象力、创造力、价值观密不可分！在摄影创作中，个体化的视觉经验和生活体验是摄影创作图式语言的渊源，而又因个体性的差异形成了摄影艺术形态的多样性，呈现出各尽其美的面貌。

　　摄影是一个用眼睛去看，用心去感受，通过快门与后期调整更直观地体现作者的内心，从而引发观者共情的创作过程。摄影创作更应该注重"感知的转化和感知的长度"，对更深程度的感觉、感知进行发掘。优秀的摄影作品不一定是描述宏大场景的壮阔与悲壮，但一定与每个人的平凡生活产生共鸣。这些作品源自作者对外在世界的感受和理解，然后通过摄影语言呈现给观者，从而让观者产生情感、记忆及内心视觉的共情，形成陌生而熟悉的体验。作者的感受和理解越深刻，作品的感染力就越强。归根结底，所谓摄影，即找到能触动自己的、自己最想要表达的情感世界，并通过画面传达给观者。

十余年历程，十余年如斯，大扬影像始终以不变的初心，探索摄影前沿趋势，重视和扶持摄影师的成长，认同美学与思想兼具的作品。春华秋实，大扬影像汇聚各位大扬人，以敏锐的洞察力及精湛的摄影技巧，为大家呈现出一套系统、全面的摄影系列图书，和各位读者一起去探讨摄影的更多可能性。摄影既简单，又不简单。如何用各自不同的表达方式，以独特的视角，在作品中呈现自己的思考和追问——如何创作和成长？如何深层次表达？怎样让客观有限的存在，超越时间和空间，链接到更高的价值维度？这是本系列图书所研究的内容。

系列图书讨论的主题十分广泛，包括数码摄影后期、短视频剪辑、电影与航拍视频制作，以及 Photoshop 等图像后期处理软件对艺术创作的影响，等等。与其说这是一套摄影教程，不如说这是一段段摄影历程的分享。在该系列图书中，摄影后期占了很大一部分，窃以为，数码摄影后期处理的思路比技术更重要，掌握完整的知识体系比学习零碎的技法更有效。这里不是各种技术的简单堆叠，而是一套摄影后期处理的知识体系。系列图书不仅深入浅出地介绍了常用的后期处理工具，还展示了当今摄影领域前沿的后期处理技术；不仅教授读者如何修图，还分享了为什么要这么处理，以及这些后期处理方法背后的美学原理。

期待系列图书能够从局部对当代中国摄影创作进行梳理和呈现，也希望通过多位摄影名师的经验分享和美学思考，向广大读者传递积极向上、有温度、有内涵、有力量的艺术食粮和生命体验。

杨勇

2024 年元月

福州上下杭

在当今数字摄影的时代，彩色照片已经成为主流，但黑白摄影依然具有独特的魅力和艺术性。黑白影像能够通过简洁的线条、明暗对比和纯粹的色调展现出普通彩色照片所不能传达的情感和氛围。

本书旨在向读者介绍如何制作高品质的黑白影像，并探讨彩色与黑白的关系、影调理念的应用以及局部处理、灰度蒙版和锐化等技巧。同时，本书还将提供一些经典的黑白山水和人文摄影作品作为案例，帮助读者更好地理解黑白摄影的艺术表达。本书可以为摄影爱好者和专业摄影师提供一个全面且实用的指南，帮助他们在黑白摄影领域取得更好的成果。无论你是初学者还是有一定经验的摄影师，相信本书都能对你的学习和创作有所帮助。愿本书能激发你对黑白摄影的热情，并为你的摄影之路增添新的色彩！

目录

第 1 章
为什么要制作黑白影像

　　彩色影像和黑白影像是两种不同的图像表现形式，能够在不同的应用场景中发挥不同的作用。彩色影像提供了丰富的色彩信息，而黑白影像则通过简化和突出其他元素来传达不同的视觉效果和情感。

1.1 黑白影像的特点和优势

彩色影像通过捕捉和显示物体的红色、绿色、蓝色3种基本色彩再现真实世界中的色彩。彩色影像可以提供丰富、生动的视觉体验，使观众感受到图像的色彩变化和细节。

当前摄影的主流是彩色影像，但为什么黑白影像依然具有很重要的地位，而且很多特殊的场景更适合用黑白影像呢？

黑白影像可以通过突出形状、纹理和光影效果，强调主题，创造艺术效果，或者营造特定的氛围。这种形式的影像处理在艺术、传媒和摄影等领域中被广泛使用。

1. 艺术表达

黑白影像常被用于摄影、绘画和电影等艺术形式中，以表达情感、传达主题或营造特定的氛围。图1-1所示的画面较为平淡，但转为图1-2所示的黑白影像后，画面明显更具艺术性。

图 1-1

图 1-2

2. 强调主题

黑白影像可以通过排除色彩的干扰，突出画面的形状、纹理和光影效果，从而创造出独特的艺术效果。图 1-3 中，没有色彩的干扰，景物的结构和光影效果看起来非常明显。

在某些情况下，将图像转换为黑白影像可以帮助观众更加专注于图中的主题或故事。

图 1-3

去除了色彩的干扰，黑白影像可以使观众更容易集中注意力，并深入了解图像所传达的信息。

3. 古典风格

黑白影像给人以经典和复古的感觉，可以为画面赋予一种时光流转的质感。这种风格常常被用于时尚摄影、婚礼摄影和人像摄影等领域，如图 1-4 所示。

图 1-4

1.2　制作黑白影像的注意事项

下面介绍几个制作黑白影像的注意事项。

第一，由于在摄影的发展过程中，黑白影像出现得很早，而彩色影像出现得比较晚，所以大部分照片类型都以黑白的形式被表现过，其中不乏大师作品，但并不是每个作品都适合做黑白作品。

第二，在数码影像时代，我们不应该直接拍摄黑白影像，如果我们想得到高品质的黑白影像，一定要先拍摄彩色影像，然后通过转换工具将其转变为黑白影像。

　　第三，在转换过程中不是将彩色影像的颜色去掉。

　　第四，在将彩色影像转换为黑白影像的流程中，一定要先把颜色和影调调整好，然后再转换。

第 2 章
制作高品质黑白影像

　　本章将讲解制作高品质黑白影像的工作流程及具体案例。

2.1　制作高品质黑白影像的流程

制作高品质黑白影像，我们先要在 Adobe Camera Raw（简称 ACR）中调整基本的影调，具体步骤为自动寻找细节、微调影调和反差、确定画面影调、调整三原色、调整局部、转换为黑白影像、重新校正颜色明暗关系。然后，我们要在 Photoshop 中精细地表现画面细节，具体步骤为建立精细的选区、精细地调整局部、校正整体影调、锐化与输出。需要注意的是，在制作黑白影像的过程中，我们可以根据照片的特点和遇到的实际情况跳过其中的某些步骤。

2.2　制作高品质黑白影像的具体案例

案例 1：雨后的萱草

下面来讲解具体案例，如何将萱草的照片制作成高品质的黑白影像，照片的前后对比效果如图 2-1 和图 2-2 所示。

图 2-1

图 2-2

首先将照片导入 ACR，如图 2-3 所示。我们在进行细节的处理时要单击"曲线"面板，通过提高暗部和降低高光来保护影像的细节，如图 2-4 所示。然后单击"自动"按钮，回到"基本"面板，微调照片的参数使照片主体更鲜明，如图 2-5 所示。

图 2-3

图 2-4

图 2-5

　　单击"黑白"按钮，使照片变成黑白照片，可以看出照片上主体和陪体不够突出，如图 2-6 所示。需要继续微调照片的参数，使整个照片的细节体现出来，如图 2-7 所示。然后单击"黑白混色器"面板进行颜色的调整，我们要对每一种颜色都进行明暗的控制。可以通过滑动滑块观察画面颜色的变化，从而决定对颜色进行提亮还是压暗，比如橙色在花的中心部分需要进行提亮，绿色在叶子部分需要进行压暗，如图 2-8 所示。通过调整，照片层次变得更加明显了，黑白关系也得到了比较好的体现。

图 2-6

图 2-7

图 2-8

  回到"基本"面板对"曝光"和"阴影"进行微调,降低"曝光",让背景稍微暗下来,增加"阴影",防止暗部的细节损失,如图 2-9 所示。然后单击"效果"面板,增大"颗粒"值,使照片的颗粒感增强,如图 2-10 所示。这时照片的黑白效果已经非常好了,无须导入 Photoshop 中进行调整,直接保存即可。

图 2-9

图 2-10

案例 2：河流与岩石

下面我们讲解第二个案例。通过观察，我们可以看到照片中的颜色太多，尤其是天空中的颜色，让人难以关注到它的主体，所以我们要把它制作成黑白影像，照片的前后对比效果如图 2-11 和图 2-12 所示。

图 2-11

图 2-12

　　首先将照片导入 ACR，如图 2-13 所示。单击"曲线"面板，提亮暗部，压暗高光，如图 2-14 所示，以防止高光和暗部溢出。然后单击"自动"按钮，通过修改"基本"面板中的参数微调画面的影调，如图 2-15 所示。

图 2-13

图 2-14

　　单击"黑白"按钮，这时照片中的主体——石块和水流就会凸显出来，然后滑动相关滑块继续微调照片的影调，通过调节"清晰度"和"去除薄雾"增强照片的质感，如图 2-16 所示。单击"黑白混色器"面板，滑动相关滑块来调节照片的颜色，如图 2-17 所示，这时在 ACR 中的调整就完成了。接下来单击右下角的"打开"按钮，进入 Photoshop。

图 2-15

图 2-16

　　因为照片中的色痕和摩尔纹比较明显，所以我们手动生成一个天空，用"快速选择工具"选中整个天空，如图 2-18 所示。然后对天空添加纯色蒙版，如图 2-19 所示。颜色选择浅灰色，单击"确定"按钮，如图 2-20 所示，这时天空就会显得十分干净、漂亮了。

图 2-17

图 2-18

图 2-19

图 2-20

在图层上单击鼠标右键，选择"拼合图像"，如图 2-21 所示，将图层合并。但是这时天空没有发生什么变化，我们可以将照片再次在 ACR 中打开，单击"蒙版"按钮，选择"线性渐变"，如图 2-22 所示。然后对天空做线性渐变处理，同时调节"曝光""对比度""黑色"等参数，如图 2-23 所示，这时天空中的渐变效果就出现了。

图 2-21　　　　　　　　　　　　　　　　　　　图 2-22

图 2-23

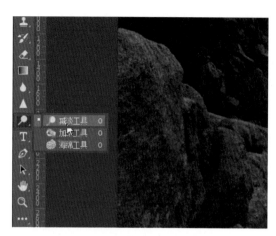

图 2-24

单击"确定"按钮，回到Photoshop中继续进行局部处理。选择"减淡工具"，如图2-24所示，调节"范围"和"曝光度"，涂抹石头的反光面，如图2-25所示，使它亮一点，也可以涂抹水流，使其更亮，这时照片的层次感就体现出来了。然后选择菜单栏中的"滤镜"—"杂色"—"添加杂色"，如图2-26所示，添加1%～2%的杂色即可。

图 2-25

回到ACR，选择"径向渐变"，如图2-27所示。我们调节相关参数，使照片四周再暗一点，形成暗角效果，如图2-28所示，单击"确定"按钮，保存照片。

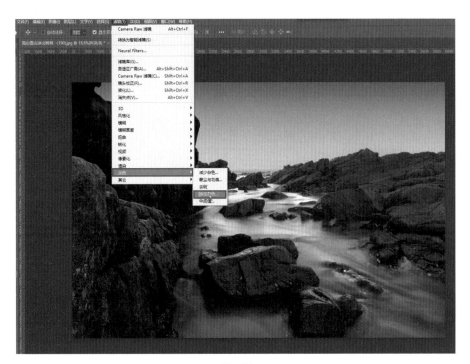

图 2-26

图 2-27

图 2-28

案例 3：羚羊谷

下面讲解第三个案例，照片的前后对比效果如图 2-29 和图 2-30 所示。

图 2-29

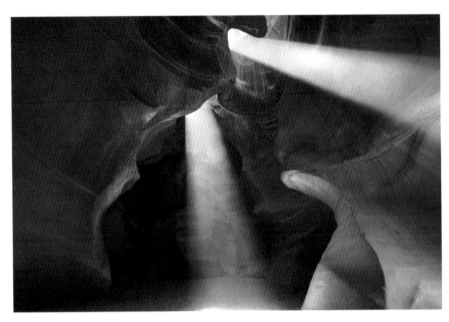

图 2-30

　　首先将照片导入 ACR，如图 2-31 所示。单击"曲线"面板，提亮暗部，压暗高光，如图 2-32 所示，以防止影像的细节丢失。然后回到"基本"面板，单击"自动"按钮，通过滑动滑块对照片的影调进行微调，如图 2-33 所示。

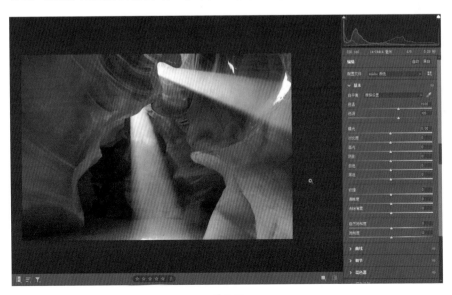

图 2-31

图 2-32

单击"黑白"按钮，将照片转换成黑白影像，如图 2-34 所示。然后滑动滑块调节照片的影调，如图 2-35 所示。单击右下角的"打开"按钮，如图 2-36 所示，将其导入 Photoshop。

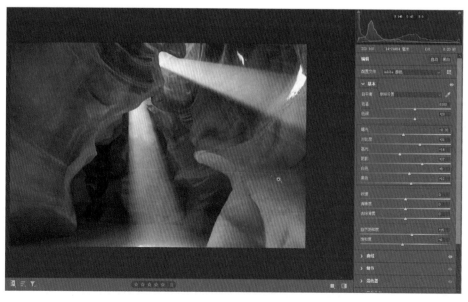

图 2-33

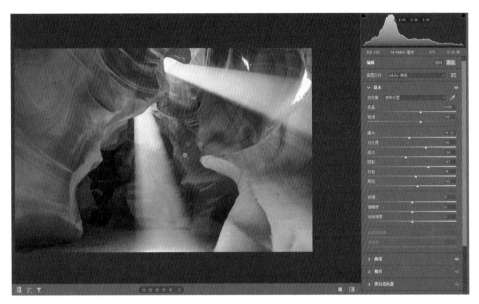

图 2-34

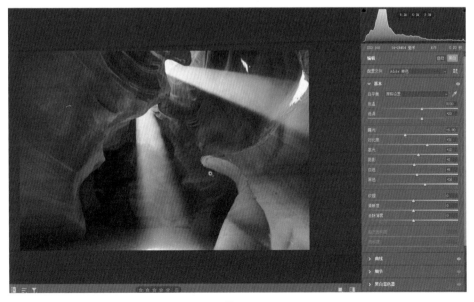

图 2-35

使用"污点修复画笔工具"将照片上的白点处理掉，如图 2-37 所示。如果有的地方处理不了，将原先的"背景"图层拖到"图层"面板右下角的"创建新图

层"图标上，就能复制出一个图层，如图 2-38 所示。然后选择菜单栏中的"编辑"—"自由变换"，如图 2-39 所示。

图 2-36

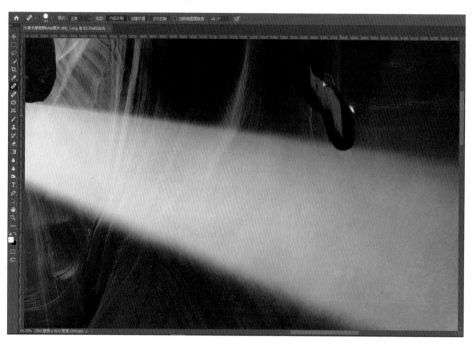

图 2-37

在照片中任意位置单击鼠标右键，选择"变形"，如图 2-40 所示。然后选择工具属性栏中的"交叉拆分变形"，将右边的部分拆分出来，如图 2-41 所示。通过拖动将右边的白点去除，单击上方工具属性栏中的"提交变换"按钮进行保存，如图 2-42 所示，最后合并图层。

图 2-38

图 2-39

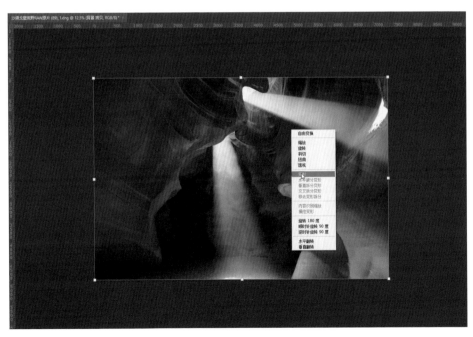

图 2-40

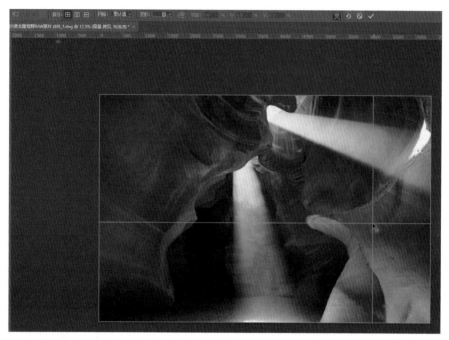

图 2-41

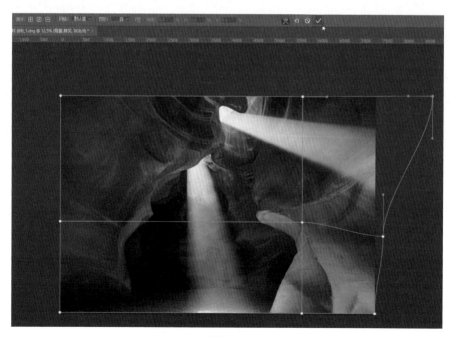

图 2-42

选择"减淡工具",如图 2-43 所示。对画面中的局部进行涂抹以提亮画面中的高光部分,如图 2-44 所示。然后回到 ACR,单击"蒙版"按钮,选择"线性渐变 1",通过滑动滑块对画面的左上部分做压暗处理,如图 2-45 所示,最后单击"确定"按钮回到 Photoshop。

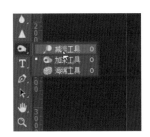

图 2-43

图 2-44

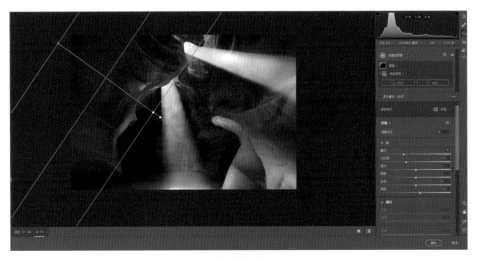

图 2-45

选择菜单栏中的"滤镜"—"杂色"—"添加杂色",如图 2-46 所示。在弹出的对话框中设置好"数量"值后,单击"确定"按钮,如图 2-47 所示,照片就制作完成了,最后保存照片即可。

图 2-46

图 2-47

第 3 章
如何获取不同级别的选区

　　本章将讲解获取不同级别的高光、暗部和灰度选区的方法及它们适用的范围。

3.1 如何获取高光区域

图 3-1

本节将讲解获取画面中不同级别的高光的方法。将照片导入 Photoshop，如图 3-1 所示。然后单击菜单栏中的"选择"—"全部"，如图 3-2 所示。单击"通道"面板，按住"Shift+Ctrl+Alt"组合键中单击"RGB"通道，画面中的高光就被选出来了，如图 3-3 所示。

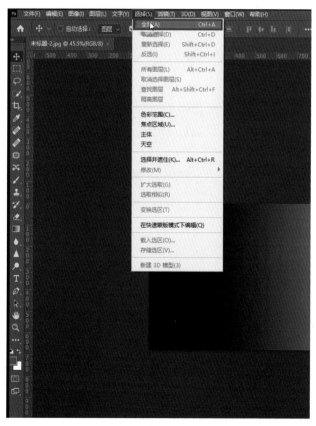

图 3-2

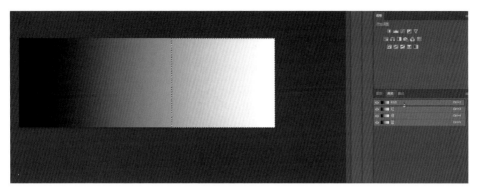

图 3-3

如果我们继续单击 "RGB" 通道，就会发现画面中被选中的区域在不断缩小，这说明高光部分越来越准确，这也可以通过直方图观察到，如图 3-4 所示。

图 3-4

3.2　如何获取暗部

本节将讲解如何获取画面中不同级别的暗部的方法，同样使用 3.1 节的照片，按住 "Ctrl+Alt" 组合键，然后单击 "RGB" 通道，暗部就被选择出来了，如图 3-5 所示。如果我们继续单击 "RGB" 通道，会发现画面中被选中的区域在不断缩小，这说明暗部越来越准确，这同样也可以通过直方图观察到，如图 3-6 所示。

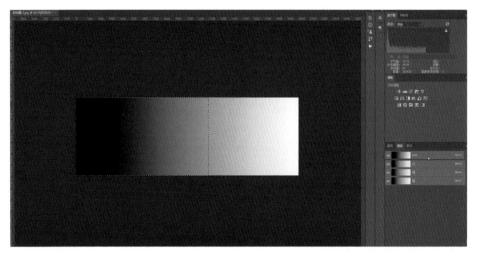

图 3-5

图 3-6

3.3 如何获取灰度选区

　　学会如何获取照片中不同级别的高光和暗部后，下面将讲解如何获取灰度选区，我们在选择完画面的高光部分后，可以单击"曲线"，通过调整曲线来保存选区，如图 3-7 所示。然后选择画面的暗部，同样通过调整曲线来保存选区，如图 3-8 所示。将整个照片选中之后，按住"Ctrl+Alt"组合键，单击曲线 1 和曲线

2，中间的灰色区域就被选择出来了，如图 3-9 所示。

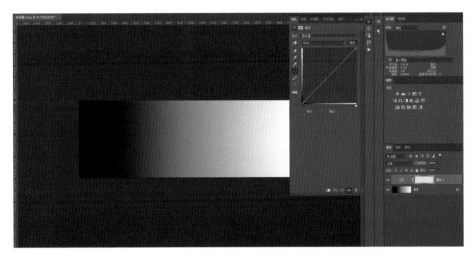

图 3-7

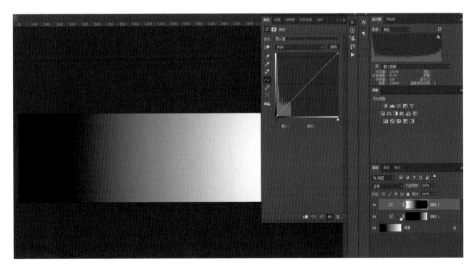

图 3-8

除了上面介绍的方法以外，还有另一种更简单的方法，首先选择菜单栏中的"选择"—"全部"，将整个照片选中，接着选择画面中的暗部，如图 3-10 所示。然后选择菜单栏中的"选择"—"反选"，如图 3-11 所示，这时就选中了高光和灰色区域了，如图 3-12 所示。

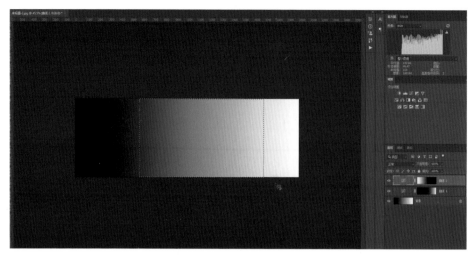

图 3-9

图 3-10

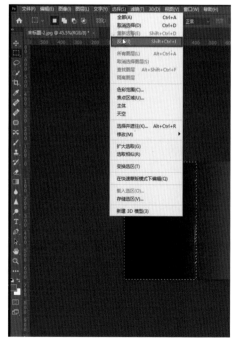

图 3-11

这时再选择暗部，就可以将灰色区域选择出来了，如图 3-13 所示。

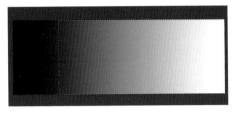 

图 3-12 　　　　　　　　　　　　　　　　图 3-13

3.4　适用的范围

以上所讲解的方法适用于任何照片和不同的色彩空间。

任何照片

下面通过具体案例进行讲解。图 3-14 是一张风光照片，我们要提高照片中水面和石块的亮度。首先将照片导入 Photoshop，使用"快速选择工具"将天空选取出来，如图 3-15 所示。然后单击菜单栏中的"选择"—"反选"，如图 3-16 所示，将水面和木桩选择出来。

图 3-14

图 3-15

单击打开"通道"面板，按住"Shift+Ctrl+Alt"组合键，然后单击"RGB"通道，如图 3-17 所示，将水面的高光部分选取出来。单击打开"图层"面板，单击"调整"面板中的"曲线"图标，然后对高光部分进行提亮，如图 3-18 所示。对水面提亮后，单击曲线"属性"面板右上角的">>"按钮，收起曲线"属性"面板，之后要单击选中"背景"图层，如图 3-19 所示。

图 3-16

图 3-17

图 3-18

接下来用"快速选择工具"选中石块,如图 3-20 所示。单击打开"通道"面板,按住"Shift+Ctrl+Alt"组合键,然后单击"RGB"通道,把石块上的高光部分选取出来,此时会弹出警告对话框,提示选区边将不可见(这表示选择度较低,选区线不会显示,但选区是存在的),在此直接单击"确定"按钮即可,如图 3-21 所示。单击"图层"回到"图层"面板,之后单击"调整"面板中的"曲线"图标，对曲线的高光部分进行调整，这样石块上的高光部分就会被提亮了，如图 3-22 所示，最后保存照片即可。

图 3-19

图 3-20

图 3-21

图 3-22

不同的色彩空间

下面讲解第二个案例，在不同的色彩空间中演示前面介绍的方法。将照片导入 Photoshop，如图 3-23 所示。然后选择菜单栏中的"图像"—"模式"—"灰度"，将照片从 RGB 模式转成灰度模式，如图 3-24 所示。

选择菜单栏中的"选择"—"全部"，将照片选中，如图 3-25 所示。按住"Shift+Ctrl+Alt"组合键，然后单击"灰色"通道，将高光部分选择出来，如图

3-26 所示。按住 "Ctrl+Alt" 键单击 "灰色" 通道，将暗部选择出来，如图 3-27 所示。

图 3-23

图 3-24

图 3-25

　　选择菜单栏中的 "图像" — "模式" — "Lab 颜色"，如图 3-28 所示。选择菜单栏中的 "选择" — "全部"，将照片选中，然后按住 "Shift+Ctrl+Alt" 组合键单击 "Lab" 通道，将高光部分选择出来，如图 3-29 所示。按住 "Ctrl+Alt" 组合键单击 "Lab" 通道，将暗部选择出来，如图 3-30 所示。通过上面的两个案例，可以说明我们的方法适用于任何照片和不同的色彩空间。

图 3-26

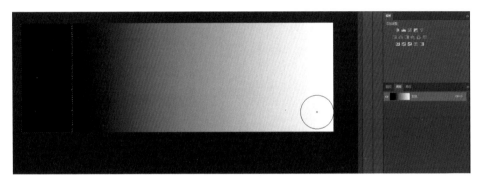

图 3-27

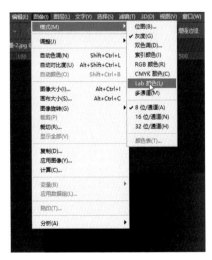

图 3-28

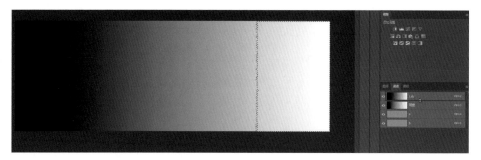

图 3-29

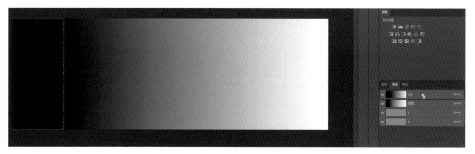

图 3-30

第 4 章
影调的理念与应用

本章讲解影调的定义和种类，如何识别不同的影调，以及如何制作短调和长调的作品。

4.1 影调的概念

摄影中的影调指的是画面的明暗、虚实关系。影调包括高长调、高中调、高短调、中长调、中中调、中短调、低长调、低中调、低短调以及全长调。需要注意的是，全长调是指画面中有高光区域和暗部，但是没有中灰区域。不同的影调可以表达不同的情绪，而在后期制作的过程中，最应该关注的就是照片的情感表达，比如高调表现的是明快、欢乐、轻松愉快的气氛，而低调表现的是阴沉、忧郁的气氛。

4.2 如何识别影调

下面讲解如何通过直方图识别不同的影调并展示对应的作品。

高长调

我们先来观察它的直方图，如图 4-1 所示。通过观察直方图可以看出，其中有高光区域和暗部，所以它是长调，又因为其画面中大量的像素集中在右边，而右边指的是高光区域，所以我们推断出它是高长调，对应作品如图 4-2 所示。

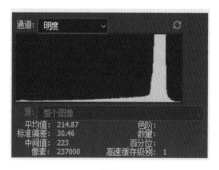

图 4-1

图 4-2

中长调

下面分析第二种影调，我们先来观察它的直方图，如图 4-3 所示。通过观察直方图可以发现，画面中大量的像素集中在中间区域，暗部基本没有像素，说明它是一个色调比较灰的作品。我们再来分析一下，画面中有高光区域，也有暗部，但是大量的像素集中在中间区域，所以它是中长调，对应作品如图 4-4 所示。

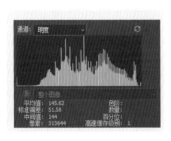

图 4-3　　　　　　　　　　　　　　　　　图 4-4

高短调

下面分析第三种影调，我们先来观察它的直方图，如图 4-5 所示。通过观察直方图可以发现，高光区域、暗部和中灰区域都没有像素，像素集中在一个很短的区间，那么说明它是一个短调，又因为画面中的像素集中在短调的高光部分，所以它是高短调，对应作品如图 4-6 所示。

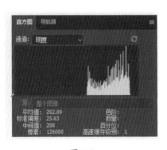

图 4-5　　　　　　　　　　　　　　　　　图 4-6

中短调

下面分析第四种影调，我们先来观察它的直方图，如图 4-7 所示。通过观察直方图可以发现，画面中高光区域、暗部都没有像素分布，并且像素集中在一个很短的区间，所以它是短调，又因为画面中大量的像素集中在灰色区域，所以它是中短调，对应作品如图 4-8 所示。

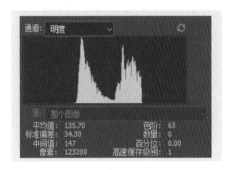 

图 4-7　　　　　　　　　　　　　　　　　图 4-8

低长调

下面分析第五种影调，我们先来观察它的直方图，如图 4-9 所示。通过观察直方图可以发现，像素在高光区域和暗部都有分布，所以它是长调，又因为画面中大量的像素集中在暗部，所以它是低长调，对应作品如图 4-10 所示。

图 4-9　　　　　　　　　　　　　　　　　图 4-10

中中调

下面分析第六种影调，我们先来观察它的直方图，如图 4-11 所示。通过观察直方图可以发现，像素在高光部分没有分布，主要分布在暗部和中灰区域，所以它是中调，又因为画面中大量的像素集中在中间区域，所以它是中中调，对应作品如图 4-12 所示。

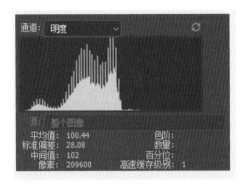

图 4-11

图 4-12

低短调

下面分析第七种影调，我们先来观察它的直方图，如图 4-13 所示。通过观察直方图可以发现，像素分布在很短的区域内，所以它是短调，又因为画面中大量的像素集中在暗部，所以它是低短调，对应作品如图 4-14 所示。

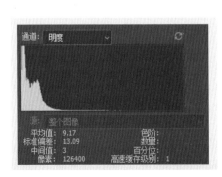

图 4-13

图 4-14

通过以上讲解，相信大家已经能够识别出不同影调的作品。

4.3　短调和长调的制作

在日常制作影像的过程中，最常用的影调是长调，最难掌握的是短调。下面通过具体案例介绍短调和长调的制作。

制作短调

我们先来学习短调的制作。下面讲解第一个案例，照片的前后对比效果如图4-15和图4-16所示。

图 4-15

图 4-16

　　首先将照片导入 ACR，如图 4-17 所示。在"曲线"面板中，对高光和暗部做适当的调整，如图 4-18 所示。回到"基本"面板，单击"黑白"按钮，然后单击"打开"按钮进入 Photoshop，如图 4-19 所示。

图 4-17

图 4-18

图 4-19

在"调整"面板中，单击"色阶"按钮，创建新的色阶调整图层，因为我们要制作一个高短调的作品，所以大量的像素需要集中在高光区域。可以通过滑动滑块来定义画面的影调，将像素集中在高光区域，如图 4-20 所示。然后在图层上单击鼠标右键，选择"拼合图像"，如图 4-21 所示，这时一个高短调的作品就制作完成了。

图 4-20

图 4-21

下面讲解第二个案例，照片的前后对比效果如图 4-22 和图 4-23 所示。

图 4-22

图 4-23

　　首先将照片导入 ACR，如图 4-24 所示。单击"黑白"按钮，将其转换为黑白照片，如图 4-25 所示。然后单击"打开"按钮，将其导入 Photoshop，如图 4-26所示。

图 4-24

图 4-25

图 4-26

在"调整"面板中,单击"色阶"按钮,创建新的色阶调整图层,先定义画面的亮度级别,将黑色滑块向右移动,将白色滑块向左移动,压缩中间的区域,如图 4-27 所示。再拖曳直方图下方的滑块进行微调,如图 4-28 所示。此时,一个高短调的作品就制作完成了。

图 4-27

图 4-28

制作长调

下面学习长调的制作并讲解第三个案例。我们要制作一个低长调的作品，照片的前后对比效果如图 4-29 和图 4-30 所示。

图 4-29

图 4-30

首先将照片导入 ACR，如图 4-31 所示。单击"曲线"面板，调节高光和暗部，如图 4-32 所示。然后单击"自动"按钮，如图 4-33 所示。

图 4-31

图 4-32

图 4-33

　　然后单击"黑白"按钮，使其转换成黑白影像，如图 4-34 所示。滑动"曝光"等滑块进行微调，使其达到低长调的效果。因为天空很暗而水面太亮，单击蒙版按钮，对水面进行线性渐变处理，如图 4-35 所示。取消勾选"显示叠加"复选框，降低"曝光"和"对比度"，增加"黑色"，如图 4-36 所示。这时，画面的过渡会变得更加柔和、舒适。

图 4-34

图 4-35

图 4-36

　　单击"打开"按钮，将照片导入 Photoshop。首先将照片校正一下，如图 4-37 所示。使用减淡工具使水面再亮一点，如图 4-38 所示。"范围"选择高光，再选择合适的"曝光度"，对水面进行提亮，如图 4-39 所示。

图 4-37

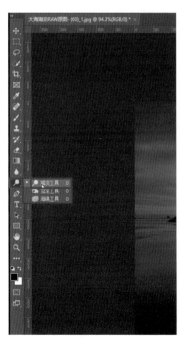

图 4-38

图 4-39

选择菜单栏中的"滤镜"—"杂色"—"添加杂色",如图 4-40 所示。在弹出的对话框中将"数量"设置为 1% ~ 2%,单击"确定"按钮,如图 4-41 所示。这时,我们的作品就制作完成了,如图 4-42 所示,最后保存照片即可。

图 4-40

图 4-41

图 4-42

第 5 章
对黑白影像做局部处理

　　本章将讲解如何对黑白影像做局部处理，重点讲解加深工具与减淡工具的应用。对一幅高品质的黑白影像来说，细节是至关重要的。我们一般通过对局部的修饰深入挖掘照片的细节，那么应该对一幅高品质的黑白影像的局部做哪些调整呢？归纳一下，就是提亮和压暗，在 Photoshop 中用到的工具有加深工具、减淡工具和画笔工具等，在 ACR 中用到的工具有画笔、径向渐变和线性渐变等。

5.1　Camera Raw 中的工具

下面简单介绍一下 ACR 中的 3 种工具。

画笔

首先将照片导入 ACR，如图 5-1 所示。单击"蒙版"按钮，选择"画笔"工具，如图 5-2 所示。然后修改"曝光"等参数，如图 5-3 所示。

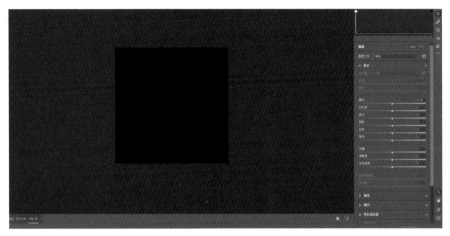

图 5-1

图 5-2

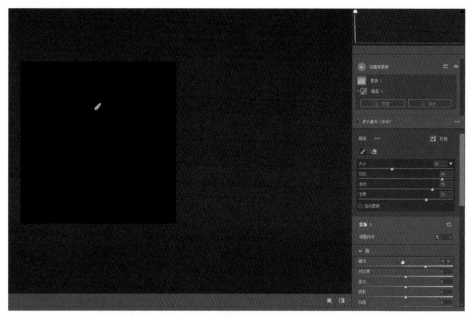

图 5-3

线性渐变

接下来介绍线性渐变。选择"线性渐变",线性渐变要从画面的边缘进行影响,如图 5-4 所示。

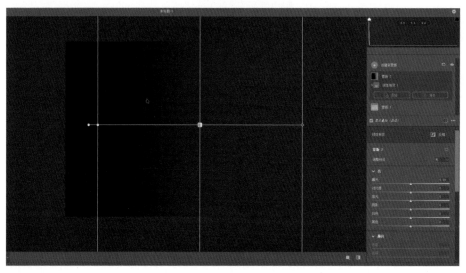

图 5-4

径向渐变

最后介绍径向渐变。先选择"径向渐变",然后画一个椭圆,从画面的中间开始渐变,如图 5-5 所示。还可以单击"反相",影响椭圆外的区域,如图 5-6 所示。

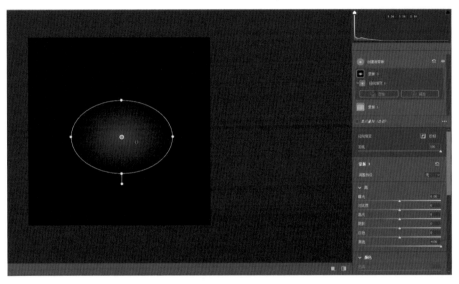

图 5-5

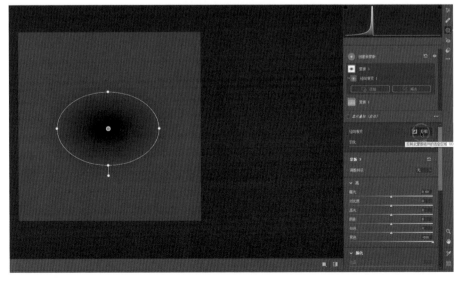

图 5-6

5.2 Photoshop 中的加深工具与减淡工具

通过前面的案例讲解，我们可以知道在 ACR 中工具的使用是非常简单的。下面介绍在 Photoshop 中的操作与用到的工具，如果我们只对画面的局部进行提亮或者压暗，那么推荐使用加深工具、减淡工具和画笔工具。Photoshop 和 ACR 中工具的操作原理是一样的，接下来通过案例重点讲解加深工具与减淡工具的使用。

我们使用加深工具与减淡工具制作一个金属球。进入 Photoshop，在菜单栏中选择"文件"—"新建"，如图 5-7 所示。在打开的对话框中选择"自定"选项，单击"创建"按钮，如图 5-8 所示。创建一个画布，然后单击右下角的"创建新图层"图标，如图 5-9 所示，创建一个新图层。

选择"椭圆选框工具"，如图 5-10 所示。在画布上画一个圆，再选择"渐变工具"，选择渐变编辑器，如图 5-11 所示。在打开的对话框中单击"基础"下方的第一种渐变，在下面单击 3 个色标，分别选择它们的颜色，最后单击"确定"按钮，如图 5-12 所示。

图 5-7

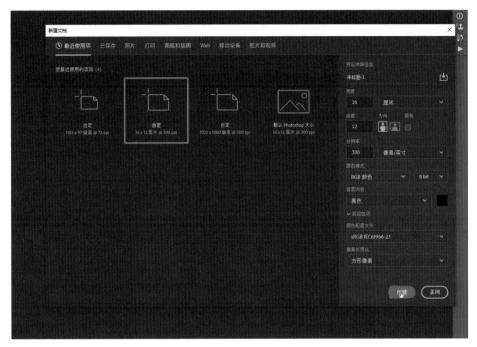

图 5-8

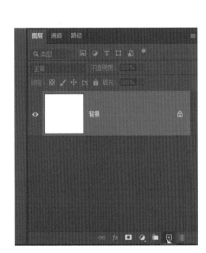

图 5-9

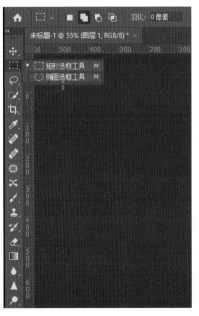

图 5-10

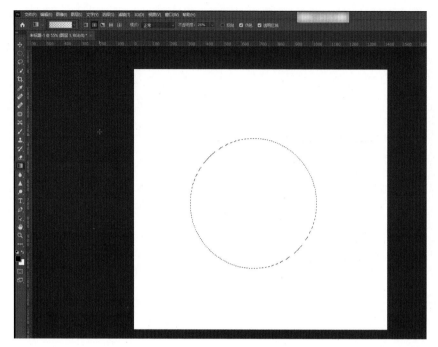

图 5-11

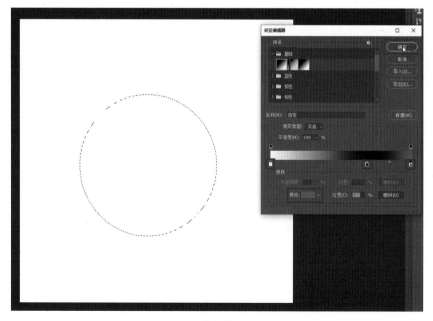

图 5-12

选择径向渐变，将"不透明度"设置为 100%，在圆上拉出渐变，如图 5-13
所示。这时就可以制作出一个球体了，如图 5-14 所示。

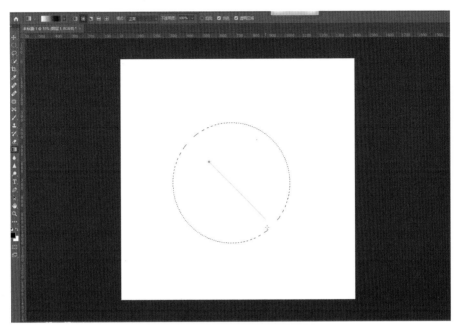

图 5-13

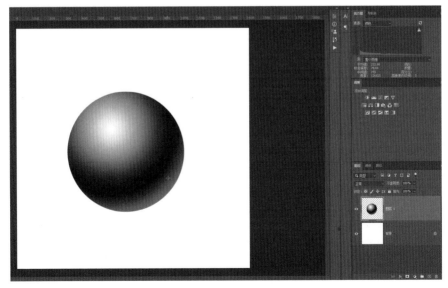

图 5-14

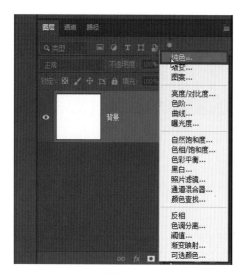

再重新画一个圆，单击右下角的创建新的填充或调整图层图标，选择"纯色"，如图 5-15 所示。在打开的"拾色器（纯色）"对话框中选择一个灰色，最后单击"确定"按钮，如图 5-16 所示。

图 5-15

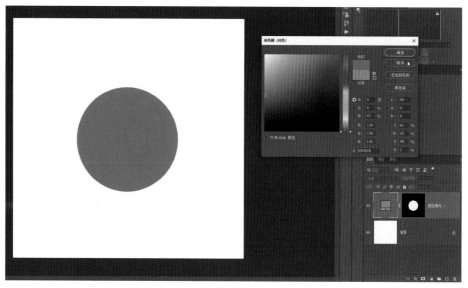

图 5-16

首先选中画面中的圆，使用"减淡工具"，如图 5-17 所示。将范围选择为"高光"，然后单击圆形的中间部分进行提亮，如图 5-18 所示。观察画面中最暗的部分是不是高光区域和暗部的交界处，如果效果不够明显，可以选择"加深工具"，如图 5-19 所示。

图 5-17

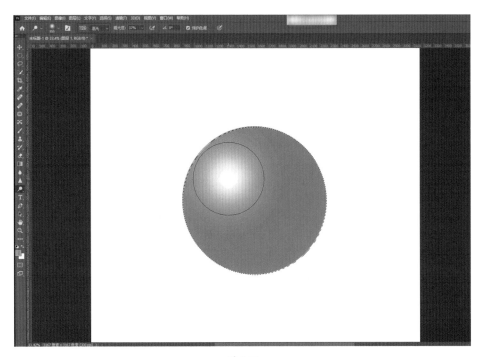

图 5-18

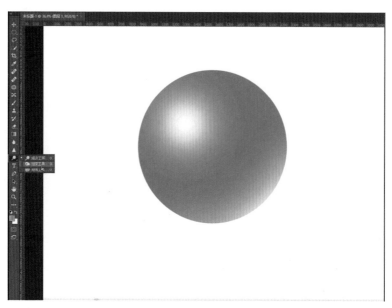

图 5-19

　　将范围选为"中间调"，然后对中间调区域进行压暗，如图 5-20 所示，这时球体的立体感就体现出来了，金属球就制作完成了。

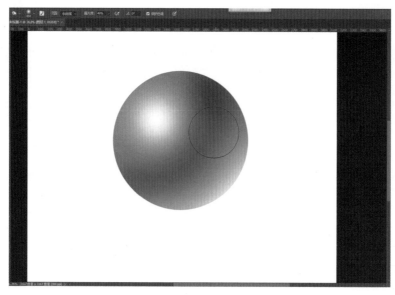

图 5-20

5.3　具体案例

前面对加深工具与减淡工具进行了简单讲解，下面再通过具体案例加深一下印象，照片的前后对比效果如图 5-21 和图 5-22 所示。

图 5-21

图 5-22

首先将照片导入 ACR 中，如图 5-23 所示，然后单击"自动"按钮，滑动相关滑块对画面做一些细节上的调整，如图 5-24 所示。

图 5-23

图 5-24

　　单击"黑白"按钮，将照片转换为黑白影像，再调节一下滑块，如图 5-25 所示。单击右下角的"打开"按钮，如图 5-26 所示，将照片导入 Photoshop 中。使用裁剪工具对照片进行裁剪，如图 5-27 所示。

图 5-25

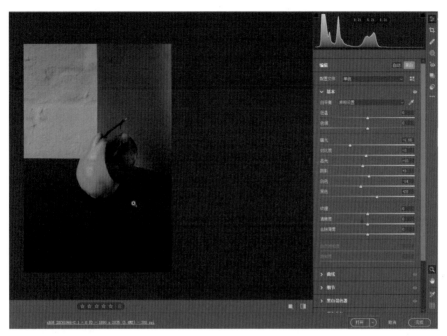

图 5-26

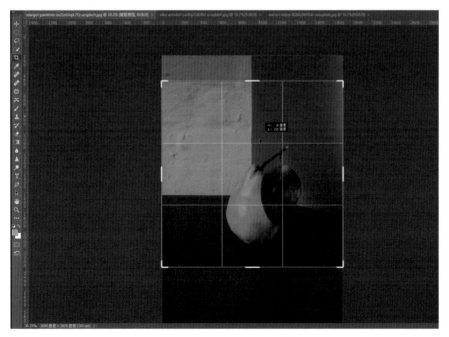

图 5-27

观察照片可以发现，主体梨并不突出，所以用"快速选择工具"将梨选择出来，如图 5-28 所示。然后选择"减淡工具"，如图 5-29 所示。将范围设置为"高光"，选择合适的"曝光度"，如图 5-30 所示，对梨进行提亮。

图 5-28

图 5-29

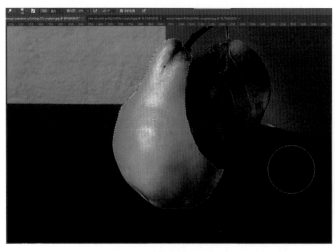

图 5-30

图 5-31

　　选择"加深工具"，如图 5-31 所示。将范围设置为"中间调"，选择合适的"曝光度"，对局部进行涂抹，让该暗的地方变暗，如图 5-32 所示。这时，梨就具有立体感了。用"快速选择工具"将叶子选择出来，如图 5-33 所示。

　　现在要使叶子同样具有立体感，观察照片可以发现，叶子的高光部分不够，选择减淡工具，如图 5-34 所示，对叶子进行提亮。也可以单击"曲线"按钮，通过曲线对叶子进行提亮，如图 5-35 所示。然后右击图层，选择"拼合图像"，如图 5-36 所示。

图 5-32

图 5-33

图 5-34

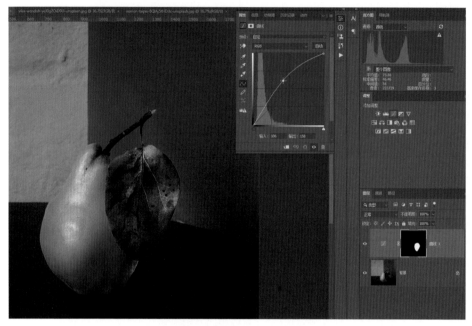

图 5-35

图 5-36

如果想让叶子再亮一点，可以选择"减淡工具"，将范围设置为"阴影"，如图 5-37 所示，将阴影提亮，使反差更明显，最后保存照片。

图 5-37

第 6 章
灰度蒙版和锐化

　　本章将介绍灰度蒙版的原理并简单讲解锐化中的 Lab 明度锐化法。

6.1　灰度蒙版的原理

　　灰度蒙版是一种可以根据图像的灰度值对图像进行遮罩或过滤的一种图像处理技术。下面在 Photoshop 中对灰度蒙版做演示，首先将照片导入 Photoshop，如图 6-1 所示。然后单击"创建新的填充或调整图层"图标，选择"渐变"，如图 6-2 所示，在"渐变填充"对话框中单击渐变，如图 6-3 所示。

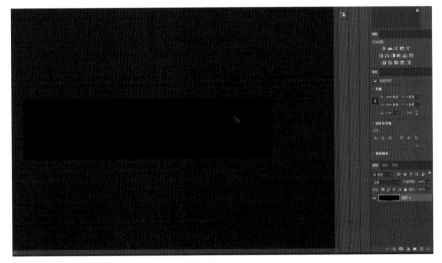

图 6-1

图 6-2

图 6-3

这时会弹出"渐变编辑器"对话框，单击"基础"下方的第一种渐变，然后单击"确定"按钮，如图 6-4 所示。回到"渐变填充"对话框，将"角度"调整为 0 度，单击"确定"按钮，如图 6-5 所示。用鼠标右击图层，选择"拼合图像"，将图层合并，如图 6-6 所示。

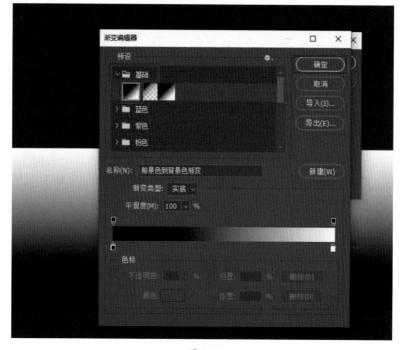

图 6-4

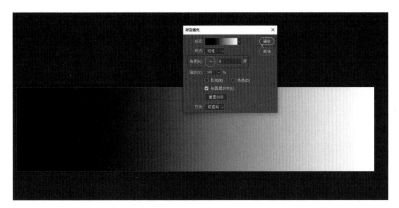

图 6-5

　　这个渐变是从黑色到白色的渐变，但通过观察直方图发现不太对应，如图 6-7 所示，暗部的像素偏多，而高光区域偏少，这时需要选择菜单栏中的"编辑"—"颜色设置"，如图 6-8 所示。在弹出的"颜色设置"对话框中，将"灰色"改为 Gray Gamma 2.2，然后单击"确定"按钮，如图 6-9 所示。

图 6-6

图 6-7

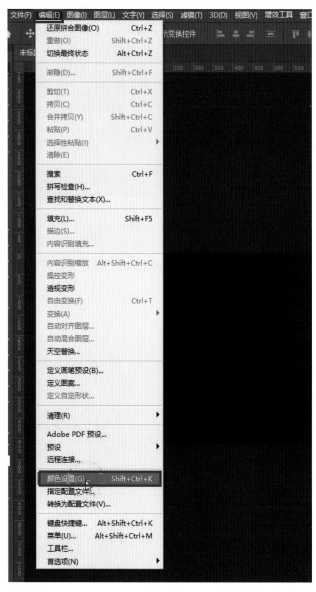

图 6-8

　　这时再观察一下直方图，如图 6-10 所示。可以发现直方图有了轻微的变化，并且图像也过渡得比较平缓了，如图 6-11 所示。

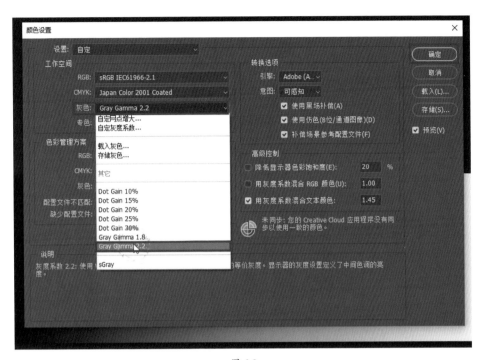

图 6-9

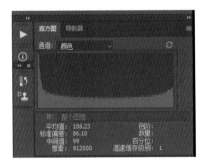

图 6-10

图 6-11

调整好照片后，进行添加灰度蒙版的操作。首先选择菜单栏中的"选择"——"全部"，如图 6-12 所示，将照片全部选中。然后单击"通道"面板，按住"Shift+Ctrl+Alt"组合键并单击"RGB"通道，如图 6-13 所示，这时会发现照片大约一半的范围被选中了。单击"创建新通道"图标，增加一个通道，将其命名为"01"，如图 6-14 所示。

图 6-12

图 6-13

　　按住"Shift+Ctrl+Alt"组合键并单击"RGB"通道,会发现照片上的选中范围进一步缩小了,如图 6-15 所示。这时单击"创建新通道"图标,增加一个通道,将其命名为"02",如图 6-16 所示,可以发现"02"通道比"01"通道选择的范围更加精细。继续按住"Shift+Ctrl+Alt"组合键并单击"RGB"通道，再次单击"创建新通道"图标，增加一个通道，将其命名为"03"，如图 6-17 所示。

图 6-14

图 6-15

图 6-16

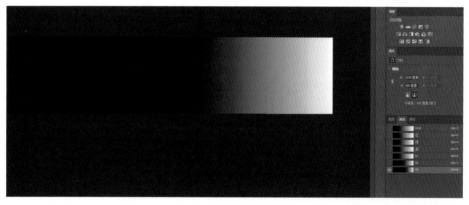

图 6-17

通过对 3 个通道的对比，可以看出高光区域的选择越来越精细了。对暗部的处理也是如此，首先全选整个照片，如图 6-18 所示。按住"Ctrl+Alt"组合键，然后单击"RGB"通道，会发现选择的区域也缩小了一半左右，如图 6-19 所示，高光部分被筛选掉了。新建一个通道并将其命名为"004"，用来记录暗部，如图 6-20 所示。

按住"Ctrl+Alt"组合键，然后单击"RGB"通道，分别建立"005"通道和"006"通道，如图 6-21 所示。那么中灰区域如何进行选择呢？首先全选照片，按住"Ctrl+Alt"组合键，然后单击"01"通道和"006"通道，减去画面的高光区域和暗部，剩下的部分就是中灰区域。再创建一个通道将中灰区域记录下来，如图 6-22 所示。

图 6-18

图 6-19

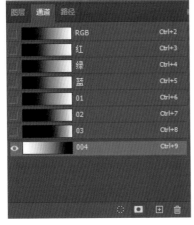

图 6-20

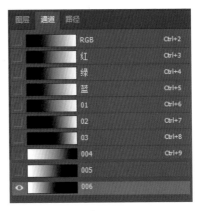

图 6-21

图 6-22

6.2 锐化

下面讲解一下锐化。首先我们要知道为什么会用到锐化——因为数码影像和胶片的成像原理是不一样的。数码影像的成像原理是通过光学和数字信号处理技术实现的，将物体表面反射或透射的光线转化为数字信号，再通过显示设备呈现出来，但数码影像有质感上的缺失。为了使我们拍出来的数码影像质感更强，这时就需要用到锐化来处理。

6.3 锐化的方法

锐化有两种方法，分别是 Lab 明度锐化法和智能锐化法，下面着重讲解 Lab 明度锐化法。

Lab 明度锐化法的案例演示

下面通过案例演示 Lab 明度锐化法。首先将照片导入 Photoshop，如图 6-23 所示。然后选择菜单栏中的"图像"—"模式"—"Lab 颜色"，如图 6-24 所示。这时进入"通道"面板，会发现其中有"Lab""明度""a""b"通道，如图 6-25 所示。

图 6-23

图 6-24

图 6-25

"a"通道和"b"通道指的是颜色通道,"明度"通道指的是明亮度的通道。选中"明度"通道,然后选择菜单栏中的"滤镜"—"锐化"—"USM 锐化",如图 6-26 所示。会弹出"USM 锐化"对话框,这里需要注意的是,"数量"值应该调整得大一点，"半径"值应该设置得小一点。放大照片，勾选"预览"复选框，可以看出画面中有非常明显的颗粒感，最后单击"确定"按钮，如图 6-27 所示。

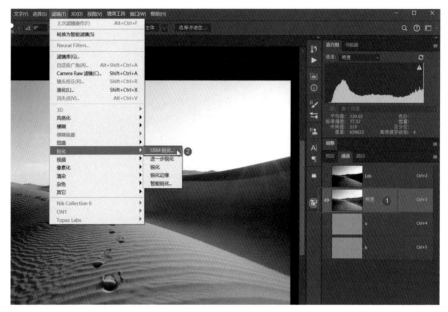

图 6-26

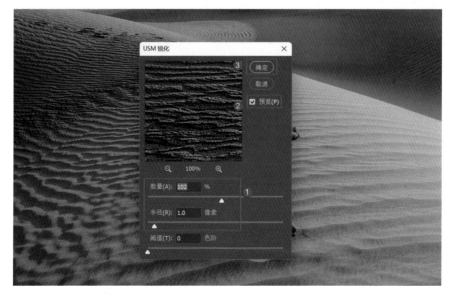

图 6-27

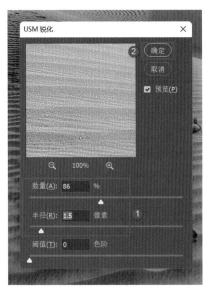

图 6-28

重复上面的步骤，选择菜单栏中的"滤镜"—"锐化"—"USM 锐化"，在弹出的对话框中减小"数量"值、增大"半径"值，最后单击"确定"按钮，如图 6-28 所示。锐化完成后，单击"Lab"通道，回到照片正常显示的状态，观察修改后的照片可以发现，质感明显增强了，如图 6-29 所示，这就是 Lab 明度锐化法。

TIPS

锐化完成后，不要忘记将照片改回 RGB 颜色模式。

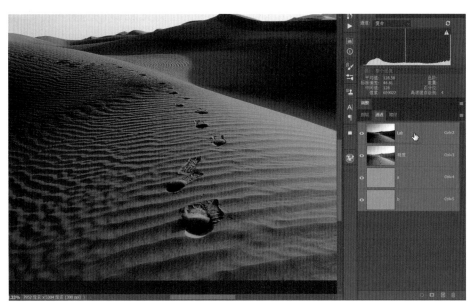

图 6-29

下面再用一个案例演示一下 Lab 明度锐化法。将照片导入 Photoshop，如图 6-30 所示。然后选择菜单栏中的"图像"—"模式"—"Lab 颜色"，如图 6-31

所示。在"调整"面板中,单击"曲线"按钮,调整一下画面的灰度,如图 6-32
所示。

图 6-30

图 6-31

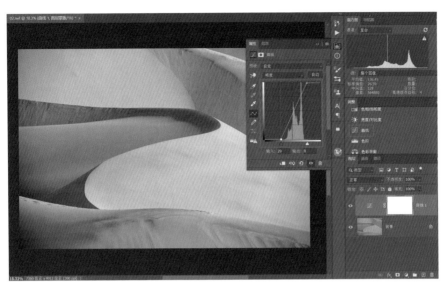

图 6-32

　　调整好照片后，将图层拼合起来，下面对照片做锐化处理。单击"通道"面板，选择"明度"通道，如图 6-33 所示。然后选择菜单栏中的"滤镜"—"锐化"—"USM 锐化"，如图 6-34 所示。在弹出的对话框中设置较大的"数量"值和较小的"半径"值，如图 6-35 所示，最后单击"确定"按钮。

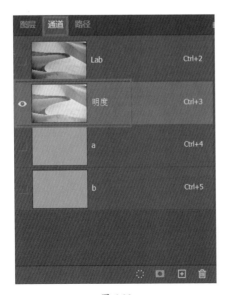

图 6-33

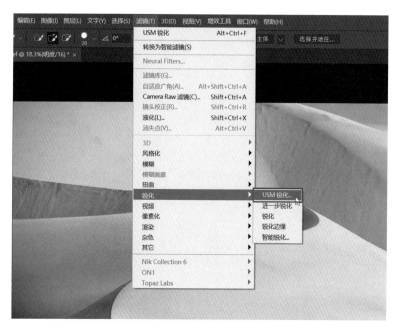

图 6-34

图 6-35

　　重复上面的步骤，选择菜单栏中的"滤镜"—"锐化"—"USM 锐化"，在弹出的对话框中减小"数量"值、增大"半径"值，勾选"预览"复选框，最后单击"确定"按钮，如图 6-36 所示。这时我们单击"Lab"通道，回到照片正常显示状态，观察照片，就会发现它的质感增强了，如图 6-37 所示。

图 6-36

图 6-37

第 7 章
钢笔工具和经典黑白山水作品

  本章将通过案例讲解如何使用钢笔工具，并讲解经典黑白山水作品的制作方法。

7.1 钢笔工具

钢笔工具是一个典型的矢量工具，我们常使用钢笔工具来制作高品质的作品。

钢笔工具的用法

下面简单介绍在 Photoshop 中钢笔工具的用法。首先选择菜单栏中的"文件"—"新建"，如图 7-1 所示。在弹出的新建对话框中单击"确定"按钮，如图 7-2 所示，新建一个空白画板。然后选择"钢笔工具"，如图 7-3 所示。

图 7-1

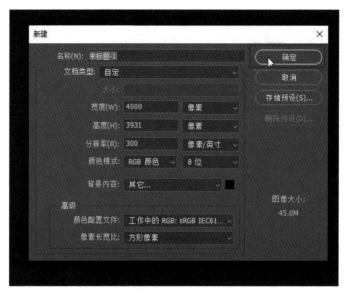

图 7-2

　　钢笔工具只会影响路径，而不会影响图层和通道，如图 7-4 所示。使用钢笔工具时，只需在照片上单击确定两个点，两点之间就会自动地生成一条直线段，如图 7-5 所示。如果我们绘制的是一条路径，它就会被保存在"路径"面板中，如图 7-6 所示。

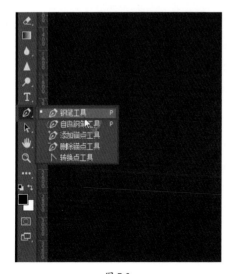

图 7-3

图 7-4

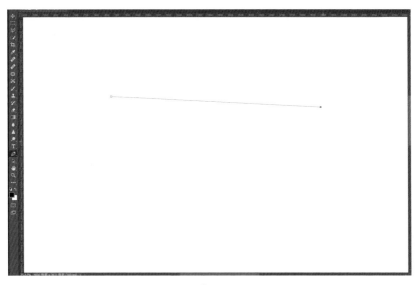

图 7-5

图 7-6

　　如果我们需要用钢笔工具绘制曲线，可以先单击确定第一个点，然后再单击确定第二个点，此时按住鼠标左键不放，移动一下就可以绘制一条曲线，如图

7-7 所示。那么如何把绘制的路径转换成选区呢？单击"路径"面板下方的"将路径作为选区载入"图标，就可以将路径转换成选区了，如图 7-8 所示。

图 7-7   图 7-8

我们还可以单击工具属性栏中的"选区"按钮，如图 7-9 所示，这时就会弹出"建立选区"对话框，然后设置"羽化半径"的值，单击"确定"按钮，如图 7-10 所示。按住"Ctrl"键直接单击工作路径，也可以将路径转换成选区，如图 7-11 所示。

图 7-9

图 7-10 　　　　　　　　　　　　　　　　　　图 7-11

7.2　使用钢笔工具的具体案例

下面通过案例介绍钢笔工具的使用方法。首先将照片导入 Photoshop，如图 7-12 所示。我们要将照片中的建筑物选取出来，选择"钢笔工具"，沿着建筑物的边缘绘制直线，遇到有转折的地方就按住鼠标左键绘制曲线，如图 7-13 所示。这样就可以将建筑物选取出来了，如图 7-14 所示。

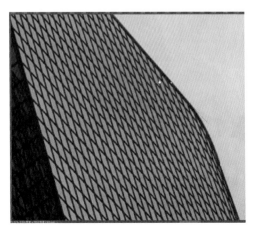

图 7-12 　　　　　　　　　　　　　　　　　　图 7-13

图 7-14

单击"路径"面板下方的"将路径作为选区载入"图标，如图 7-15 所示，就可以将路径转换成选区了，如图 7-16 所示。

图 7-15

图 7-16

7.3　制作黑白山水作品

　　制作黑白山水作品有两种思路，一种是用单点透视，另一种是用多点透视。
下面通过实际案例来讲解如何制作黑白山水作品。照片的前后对比效果如图 7-17
和图 7-18 所示。

图 7-17

图 7-18

首先将照片导入 ACR，如图 7-19 所示。然后单击"曲线"面板，提高暗部、降低高光，如图 7-20 所示。回到"基本"面板，单击"自动"按钮，滑动滑块微调照片的影调，如图 7-21 所示。

图 7-19

图 7-20

图 7-21

　　调整好画面的影调后，直接单击"黑白"按钮，将照片转换成黑白影像，如图 7-22 所示。

图 7-22

继续滑动滑块进行微调，将画面的细节全部展现出来，如图 7-23 所示。单击右下角的"打开"按钮，将其导入 Photoshop。

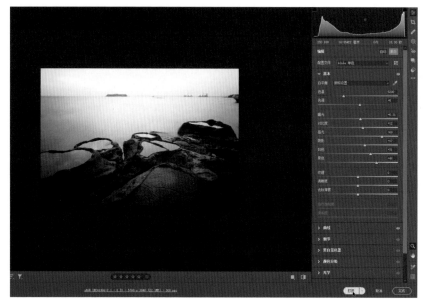

图 7-23

首先复制一个背景图层，用"快速选择工具"将前景选中，如图 7-24 所示。然后选择菜单栏中的"选择"—"反选"，如图 7-25 所示。单击右下角的"创建新的填充或调整图层"图标，选择"纯色"，如图 7-26 所示。

图 7-24

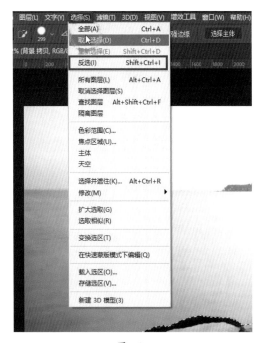

图 7-25　　　　　　　　　　　　　　　　　　　　图 7-26

在打开的"拾色器（纯色）"对话框中选取一个合适的灰色，单击"确定"
按钮进行填充，如图 7-27 所示。在图层上单击鼠标右键，选择"拼合图像"，将
图像进行合并，如图 7-28 所示。这样前景就做好了。

图 7-27

图 7-28

　　选择"矩形选框工具"，框选上面的部分准备做一个天空，如图 7-29 所示。单击右下角的"创建新的填充或调整图层"图标，选择"纯色"，如图 7-30 所示。在打开的"拾色器（纯色）"对话框中选取一个比较暗的颜色并单击"确定"按钮进行填充，如图 7-31 所示。

　　如果觉得天空太小，可以选择菜单栏中的"编辑"—"自由变换"，如图 7-32 所示。通过拖动改变天空的大小，如图 7-33 所示，然后合并图层。将照片导入 ACR 中制作光线，单击"蒙版"按钮，选择"径向渐变"，如图 7-34 所示。

图 7-29

图 7-30

图 7-31

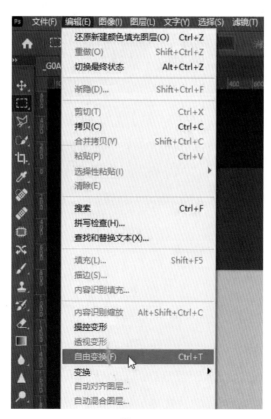

图 7-32

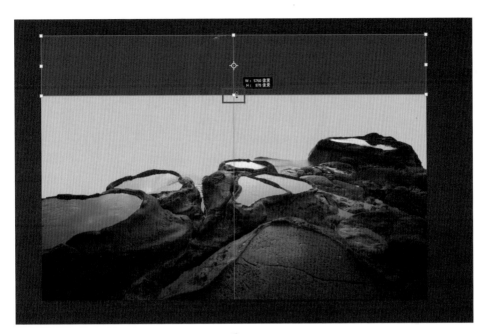

图 7-33

图 7-34

为水面添加径向渐变效果，提高"曝光"，如图 7-35 所示。然后创建一个新的径向渐变，如图 7-36 所示，对天空也进行适当提亮。最后对整体添加一个径向渐变效果，减少"曝光"与"对比度"，增加"黑色"，如图 7-37 所示。

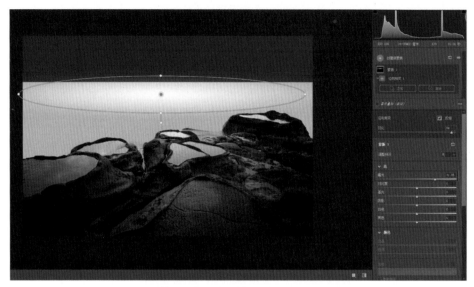

图 7-35

图 7-36

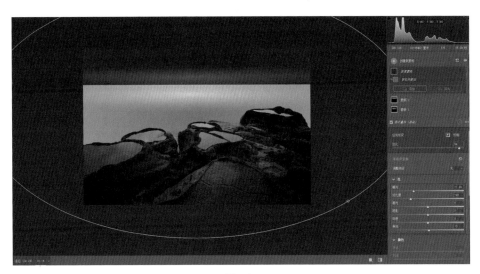

图 7-37

　　单击"反相"，这时光线就体现出来了，如图 7-38 所示，单击"确定"按钮
回到 Photoshop。在天空中制作一个月亮，选择"椭圆选框工具"，在天空中画一
个圆，如图 7-39 所示。将其填充为白色，然后选择"渐变工具"，选择径向渐变
样式，为圆添加渐变效果，如图 7-40 所示，这样月亮就制作完成了。

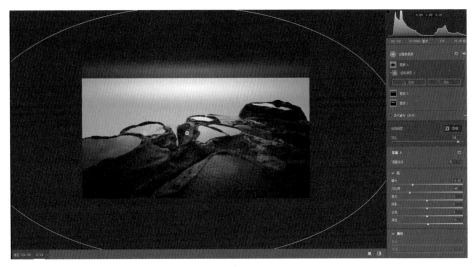

图 7-38

图 7-39

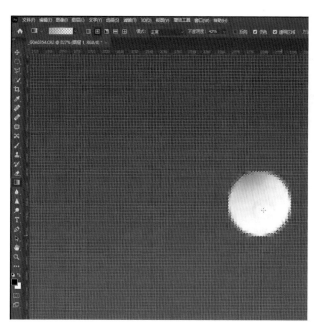

图 7-40

复制月亮图层，对其中一个图层中的月亮进行高斯模糊处理。选择菜单栏中

122

的"滤镜"—"模糊"—"高斯模糊"，如图 7-41 所示，降低"高斯模糊"的"半径"参数，然后单击"确定"按钮。对天空等部分进行杂色处理，选择菜单栏中的"滤镜"—"杂色"—"添加杂色"，如图 7-42 所示，增加"添加染色"的"数量"参数，单击"确定"按钮。然后进行反选，对下面的部分进行锐化即可。这时一个黑白山水作品就制作完成了。

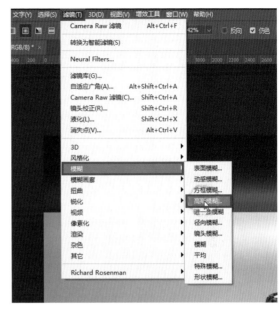

图 7-41

图 7-42

123

第8章
经典人文摄影作品

　　本章将讲解什么是人文摄影作品以及人文摄影作品的制作方法。

8.1　人文摄影作品

好的人文摄影作品大多和人相关，很多作品不仅要拍给懂摄影的人看，更要拍给不懂摄影的人看。人文摄影作品应该让观者感受到丰富的情感，并且激发观者对他人命运和自身命运的思考。

8.2　人文摄影作品的制作

案例 1：农村老人

下面通过实际案例来讲解人文摄影作品的制作方法。首先将照片导入 ACR，如图 8-1 所示。然后单击"曲线"面板，通过提高暗部、降低高光让画面的细节更加清晰，如图 8-2 所示，这些细节是人文摄影作品的核心。单击"自动"按钮，调节相关参数，如图 8-3 所示。

图 8-1

图 8-2

图 8-3

单击"黑白"按钮，将照片转换成黑白影像，如图 8-4 所示。通过滑动滑块对照片的影调做一些调整，如图 8-5 所示。对照片的细节进行处理。对于局部的细节处理，可以单击"蒙版"按钮，选择"画笔"工具，如图 8-6 所示。

图 8-4

图 8-5

用"画笔"工具涂抹想要修改的地方，如图 8-7 所示，然后滑动右边的滑块对照片细节进行调整，比如我们觉得画笔涂抹的地方太亮，就可以对其进行压暗处理，使画面中的人物和背景分离出来，如图 8-8 所示。这样很快就能达到想要的效果，而且画面的细节都可以得到保留。单击右下角的"打开"按钮，将照片导入 Photoshop，如图 8-9 所示。

图 8-6

图 8-7

图 8-8

图 8-9

这时还需要对人物脸部的高光等其他部分做一些处理，可以选择"减淡工具"，如图 8-10 所示。对照片中人物的手臂及脸部进行提亮，这样人物的立体感就体现出来了，如图 8-11 所示。对照片中的镜子做细化处理，要将它变暗一点，可以将镜子的高光部分全部选中，然后单击"曲线"按钮，通过调节曲线让其变暗一个等级，如图 8-12 所示。

图 8-10

图 8-11

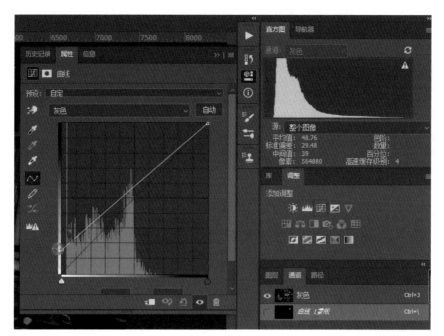

图 8-12

在图层上单击鼠标右键，选择"拼合图像"，将图层合并，如图 8-13 所示，最后保存照片即可。这样，一个人文摄影作品就制作完成了。

图 8-13

案例 2：苗族老人

　　下面讲解第三个案例，首先将照片导入 ACR，如图 8-14 所示。然后单击"曲线"面板，通过调整曲线来保护影像的细节，如图 8-15 所示。单击"自动"按钮，通过调节"曝光"等参数调整画面影调，如图 8-16 所示。需要注意的是，无论是将照片修成彩色的还是黑白的，都要注意保留画面中的核心细节。

图 8-14

图 8-15

　　利用裁剪工具对照片进行裁剪，如图 8-17 所示。需要注意的是，对于人文类照片的裁切，我们应尽量保留画面中具有表现力的细节。裁切完照片后，单击"自动"按钮，通过调节"曝光"等参数将画面整体压暗并恢复照片的细节，如图 8-18 所示。单击"黑白"按钮，将照片转换成黑白影像，如图 8-19 所示。

图 8-16

图 8-17

图 8-18

图 8-19

　　将照片转换成黑白影像后，空间感就会减弱，这时可以单击"蒙版"按钮，选择"画笔"工具，如图 8-20 所示。对照片的背景部分进行涂抹，如图 8-21 所示。然后在右侧降低"高光"和"白色"，增加"对比度"，需要注意的是，不要改变"曝光"，如图 8-22 所示。这样，画面中的空间感就体现出来了。

图 8-20

图 8-21

图 8-22

　　还可以单击"蒙版"按钮，再单击"创建新蒙版"，单击"选择主体"，将主体选取出来，如图 8-23 所示。然后进行反选，将背景选取出来，如图 8-24 所示。在右侧降低"高光"和"黑色"值，如图 8-25 所示，这样也可以体现出照片的空间感。

图 8-23

　　单击右下角的"打开"按钮，将照片导入 Photoshop，还需要对照片做细节上的处理。选择"减淡工具"，如图 8-26 所示，将人物的面部和衣服等部位提亮，这样可以使我们的作品更加精致。选择菜单栏中的"图像"—"模式"—"RGB 颜色"，如图 8-27 所示。在"调整"面板中，单击"曲线"按钮，对整体进行压暗，如图 8-28 所示，然后添加一个渐变效果。

图 8-24

图 8-25

图 8-26

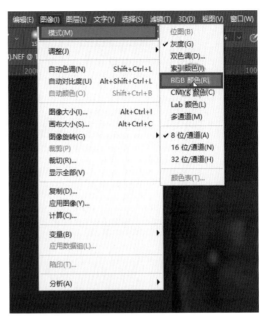

图 8-27

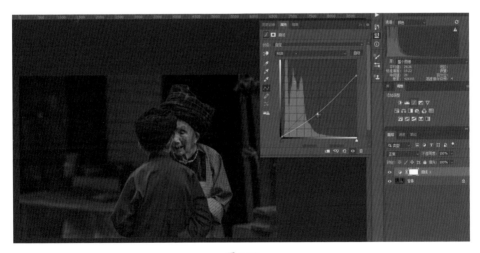

图 8-28

　　对照片中要突出表现质感的地方进行锐化，比如照片中的帽子，使用"快速选择工具"将帽子选取出来，如图 8-29 所示。然后选择菜单栏中的"滤镜"—"锐化"—"USM 锐化"，对照片进行锐化，最后保存照片即可。

图 8-29

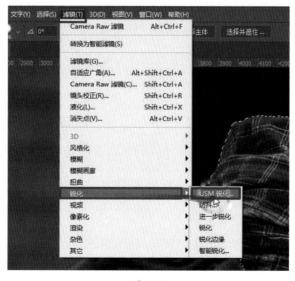

图 8-30

第 9 章
经典黑白影像中的柔美感

本章将讲解什么是黑白影像中的柔美感以及如何利用奥顿效果制作黑白影像中的柔美效果。

9.1 什么是柔美感

　　黑白影像中的柔美感是怎样的呢？首先我们来欣赏一个作品，如图 9-1 所示，画面中是一个非常漂亮的"中土世界"，我们能够感觉到一种朦胧、梦幻的氛围。下面再来看一个作品，如图 9-2 所示，画面中的颗粒感和焦点都非常清晰，并且它同样具有一种朦胧感。这两个作品都体现了黑白影像中的柔美感。

图 9-1

图 9-2

9.2 如何制作柔美效果

黑白影像中的柔美效果是如何制作的呢？我们可以使用奥顿效果来制作，它也被称为三明治效果，在前期拍摄时用不同的机位拍摄 3 张不同的照片，第一张是清晰的对焦效果，第二张是模糊的效果，第三张是更加模糊的效果。我们将 3 张照片在不同的清晰度下进行重叠，就会产生朦胧、柔美的效果，这种方法就叫奥顿效果。奥顿效果不仅可以在黑白影像中使用，还可以在彩色影像中使用。

奥顿效果的应用

下面通过案例讲解奥顿效果的应用，将照片导入 ACR，如图 9-3 所示。单击"Auto"（即自动调整）按钮，然后展开"亮"这组参数，对影调参数进行微调。之后在上方单击"B&W"（即黑白）按钮，将照片转为黑白，单击右下角的"打开"按钮，如图 9-4 所示，将照片导入 Photoshop。将背景图层拖动到下面的创建新图层图标上，复制该图层，复制出两个背景图层，如图 9-5 所示。

图 9-3

单击复制的"图层 1"，然后选择菜单栏中的"滤镜"—"模糊"—"高斯模糊"，如图 9-6 所示。在打开的对话框中将"半径"设置为 10 像素，单击"确定"按钮，如图 9-7 所示，这是对第一张照片的模糊处理。单击复制出的"图层

141

1 拷贝"，同样为其应用"高斯模糊"效果，将"半径"设置为 100 像素，将模糊的效果加强，然后单击"确定"按钮，如图 9-8 所示。

图 9-4

图 9-5

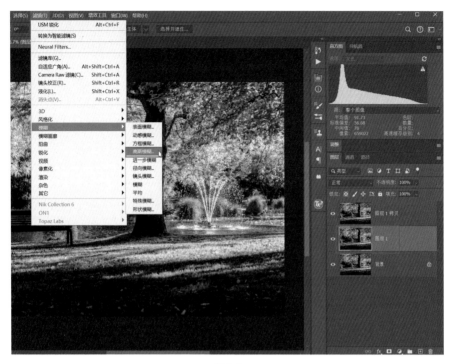

图 9-6

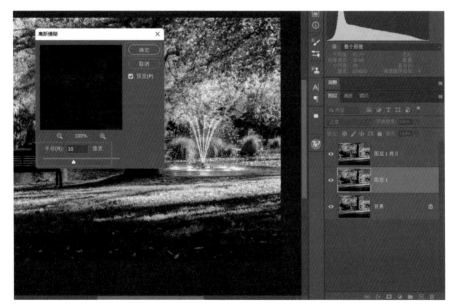

图 9-7

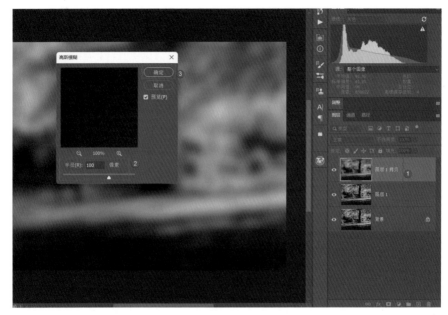

图 9-8

　　这时就有了一张清晰的照片和两张模糊效果不同的照片，分别将两个模糊的图层的不透明度都降低一些，如图 9-9 所示。可以看到照片变得朦胧、梦幻，如图 9-10 所示，以上就是奥顿效果的应用。

图 9-9

奥顿效果的弊端及处理方法

　　奥顿效果存在弊端——会改变照片的曝光和对比度，其暗部也会受到影响。因

此我们需要对照片的曝光、对比度和暗部进行调整，下面通过案例进行讲解，我们
先将照片导入 Photoshop，对背景图层进行复制（复制两次），并对复制出的图层应
用不同的模糊效果，如图 9-11 所示。选择模糊效果比较弱的图层，然后选择菜单
栏中的"图像"—"应用图像"，如图 9-12 所示。在弹出的"应用图像"对话框
中，选择"正片叠底"混合模式，单击"确定"按钮，如图 9-13 所示。

图 9-10

图 9-11

图 9-12   图 9-13

完成上面的操作后，画面整体都会变暗，如图 9-14 所示。想让照片变亮又要保证照片中的高光部分不变，可以选择"滤色"混合模式，如图 9-15 所示。对于最模糊的那个图层，同样在菜单栏中选择"图像"—"应用图像"，在打开的"应用图像"对话框中，选择"正片叠底"混合模式，降低"不透明度"，最后单击"确定"按钮，如图 9-16 所示。

图 9-14

图 9-15

图 9-16

这时画面同样会变暗，在混合模式中选择"滤色"即可。做完以上操作后，我们会发现照片中有朦胧的效果，并且暗部没有受到影响，如图 9-17 所示，这时只需要调节曝光和对比度即可。单击"曲线"按钮，对画面中的曝光和细节部分进行调整，如图 9-18 所示。观察照片的细节部分，会发现照片中的树有发光的效果，如图 9-19 所示，这就是典型的奥顿效果，并且去除了奥顿效果所带来的不良影响。

图 9-17

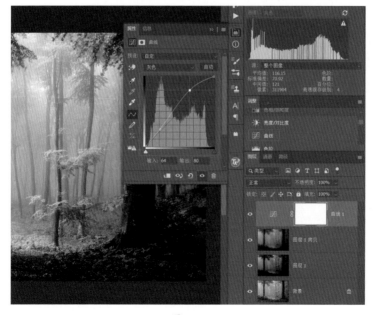

图 9-18

图 9-19

9.3　制作柔美效果的具体案例

下面通过案例讲解如何在黑白影像中利用奥顿效果制作出柔美的效果。首先将照片导入 ACR，如图 9-20 所示。单击"黑白"按钮，将照片转换成黑白影像，如图 9-21 所示。单击"曲线"面板，通过提高暗部、降低高光来保护影像的细节，如图 9-22 所示。

图 9-20

图 9-21

单击"蒙版"按钮，选择"画笔"工具，如图 9-23 所示，对照片进行涂抹，添加一些梦幻的效果，如图 9-24 所示。然后单击右下角的"打开"按钮，将其导入 Photoshop，再进行细节上的处理，对照片的亮度进行调整，单击右下角的"创建新图层"图标，创建一个新图层，如图 9-25 所示。

图 9-22

图 9-23

图 9-24

　　单击设置前景色图标，如图 9-26 所示。在打开的"拾色器（前景色）"对话框中选择一个浅灰色作为前景色，然后单击"确定"按钮，如图 9-27 所示。使用画笔工具对照片进行涂抹，让其有一种云雾缥缈的感觉，如图 9-28 所示，最后合并图层。

图 9-25

图 9-26

图 9-27

图 9-28

　　将背景图层拖动到右下角的"创建新图层"图标上，复制出一个新图层，如图 9-29 所示。然后选择菜单栏中的"滤镜"—"模糊"—"高斯模糊"，如图 9-30 所示。在弹出的对话框中调整"半径"值，把照片模糊到既能看清整体轮廓，又表现出梦幻感的效果，最后单击"确定"按钮，如图 9-31 所示。

图 9-29

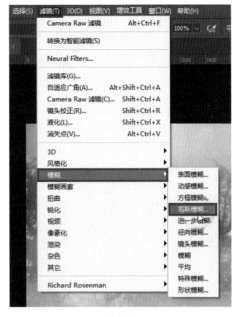

图 9-30

图 9-31

选择菜单栏中的"图像"—"应用图像",如图9-32所示。在弹出的对话框中,选择"正片叠底"混合模式,然后单击"确定"按钮,如图9-33所示。在"图层"面板中选择"滤色"混合模式,这时画面就会变得非常梦幻,如图9-34所示。

图 9-32

图 9-33

图 9-34

　　如果想让房屋更加突出，单击右下角的"添加图层蒙版"图标，再选择"画笔工具"，单击房屋的主体部分即可，如图 9-35 所示，合并图层。通过观察照片，我们发现高光有点溢出，单击"曲线"按钮，降低高光并对影像进行保护，如图 9-36 所示，然后拼合图层。选择菜单栏中的"滤镜"—"杂色"—"添加杂色"，如图 9-37 所示。

图 9-35

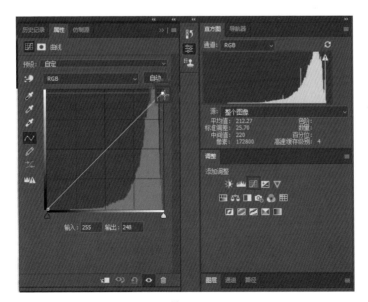

图 9-36

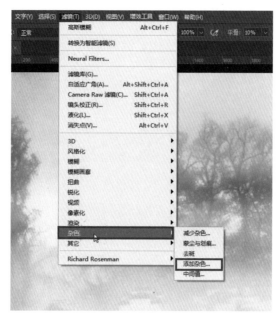

图 9-37

　　在"添加杂色"对话框中设置合适的"数量"值,然后单击"确定"按钮,让整个画面变得更加梦幻,如图 9-38 所示。照片就制作完成了,最后保存照片即可。

图 9-38

第 10 章
经典黑白影像中的玄色

本章将讲解什么是经典黑白影像中的玄色以及制作黑白影像当中的玄色的方法。

大部分的玄色效果，都是将照片转为黑白后，再为黑白照片渲染特定色彩而得到的。

10.1 什么是玄色

玄色是一种颜色，汉代以前指的是青色或者蓝绿色，汉代以后被定义为红黑色。下面通过一个作品更加直观地认识一下玄色，如图 10-1 所示。

图 10-1

10.2 如何制作玄色

下面在 Photoshop 中简单讲解一下如何制作玄色。首先创建画布，单击设置背景色，如图 10-2 所示。然后填充深灰色，如图 10-3 所示。选择"矩形选框工具"并在下方创建一个选区，用于制作海面，如图 10-4 所示。

图 10-2

图 10-3

单击"创建新图层"图标，新建一个图层，如图 10-5 所示。然后选择"渐变工具"，选择线性渐变样式，降低"不透明度"，为选区应用渐变效果，如图 10-6 所示。这样海面就做好了，如图 10-7 所示。

图 10-4

图 10-5

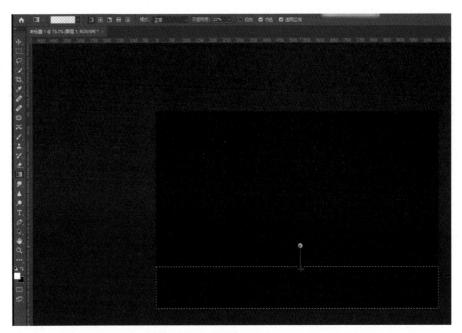

图 10-6

图 10-7

　　在上方创建选区，再次新建一个图层，如图 10-8 所示。选择"套索工具"，在图层中画出山的轮廓，如图 10-9 所示。然后选择"渐变工具"，选择线性渐变样式，为刚画的山应用线性渐变效果，如图 10-10 所示。

图 10-8

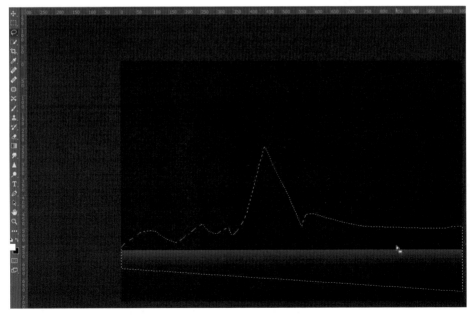

图 10-9

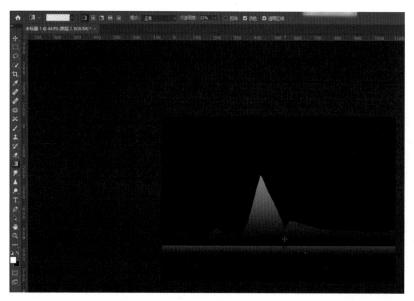

图 10-10

按住"Ctrl+T"组合键，将山拉小一点，如图 10-11 所示。单击鼠标右键，
选择"变形"，如图 10-12 所示。然后再单击鼠标右键，选择"垂直拆分变形"，
对两端进行拖动，如图 10-13 所示。

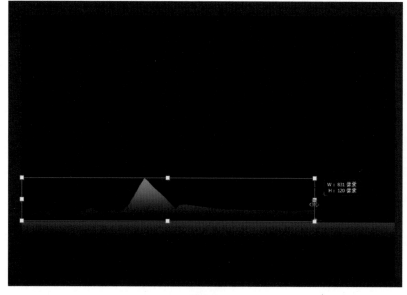

图 10-11

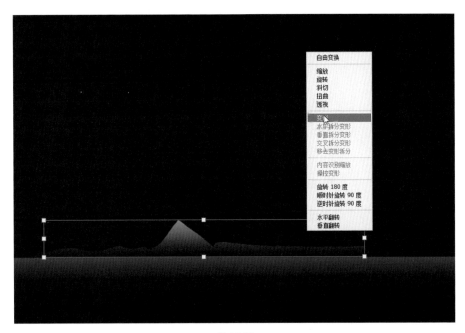

图 10-12

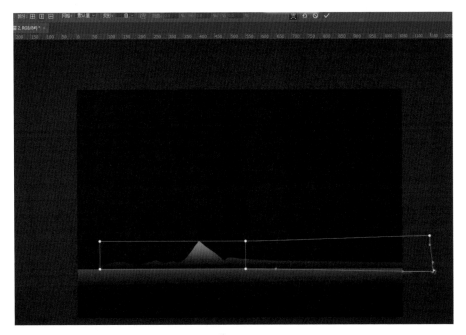

图 10-13

选择渐变工具，选择"对称渐变"样式，将过渡补充一下，如图 10-14 所示，合并图层。单击"颜色查找"按钮，在面板中选择合适的颜色，如图 10-15 所示。单击"曲线"按钮，通过调节曲线将亮度降低，如图 10-16 所示，最后合并图层。

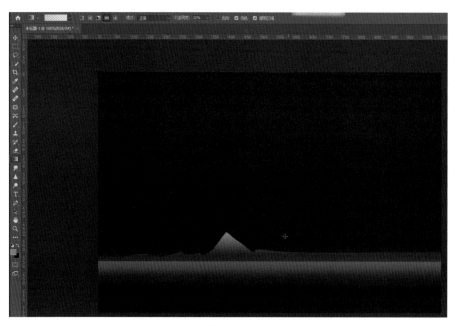

图 10-14

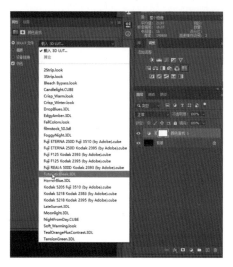

图 10-15

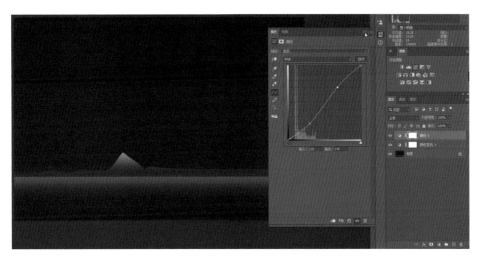

图 10-16

　　如果想让高光的颜色变得更加经典，比如红色，先将高光选中，然后单击曲线按钮，选择"蓝"通道，调节曲线，如图 10-17 所示。选择"红"通道，调节曲线，如图 10-18 所示，给照片上色。然后选择渐变工具，选择对称渐变样式，将前景的颜色擦掉，如图 10-19 所示。这样，照片就制作完成了，最后保存照片即可。

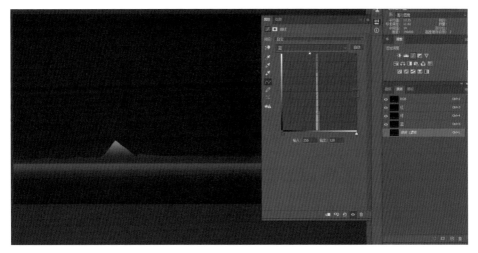

图 10-17

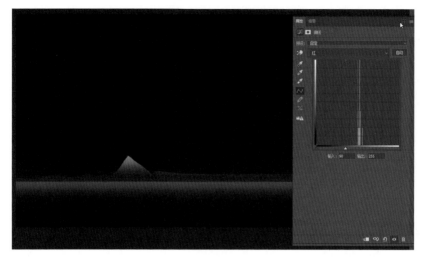

图 10-18

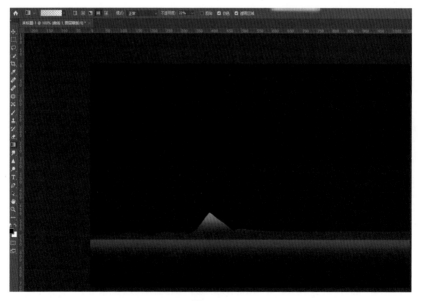

图 10-19

10.3 制作玄色的具体案例

下面通过具体的案例讲解玄色的制作方法。

这种制作玄色效果的主要思路是将照片转为黑白，之后强化反差，再对照片渲染色彩。

案例 1：远方的雪山

首先将照片导入 ACR，单击"B&W"（即"黑 & 白"）按钮，将照片转为黑白，如图 10-20 所示。然后通过滑动滑块来调节照片的影调和色调，如图 10-21 所示。单击右下角的"打开"按钮，将其导入 Photoshop，如图 10-22 所示。

图 10-20

图 10-21

167

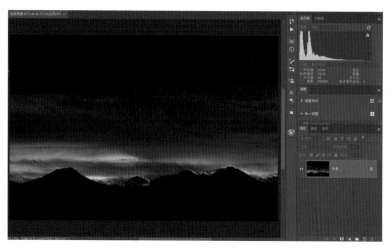

图 10-22

选择矩形选框工具，选择天空的上半部分，然后按"Ctrl+T"组合键，再按住键盘上的"Shift"键，点住选区上边线向上拖动，对选区做自由变换，如图 10-23 所示。将天空上边缘大片深色区域拖出照片画面之外，然后按键盘上的"Enter"键完成变换，再按"Ctrl+D"组合键取消选区，此时的照片画面如图 10-24 所示。复制一个图层，选择菜单栏中的"滤镜"—"模糊画廊"—"路径模糊"，如图 10-25 所示。

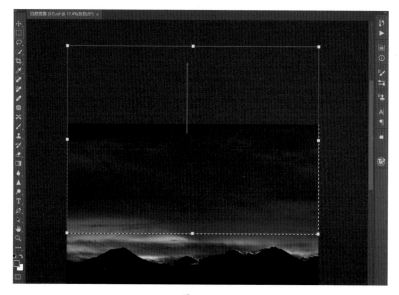

图 10-23

图 10-24

图 10-25

　　调节基本模糊的速度，单击"确定"按钮，如图 10-26 所示。单击"添加图层蒙版"图标，选择"画笔工具"，前景色设为黑色，将山的主体擦拭出来，如图 10-27 所示。在擦拭山体与天空结合的边缘部分时，稍稍降低画笔的不透明度，让边缘部分的过渡柔和一些。用鼠标右键单击图层，选择"拼合图像"，将图层合并，如图 10-28 所示。

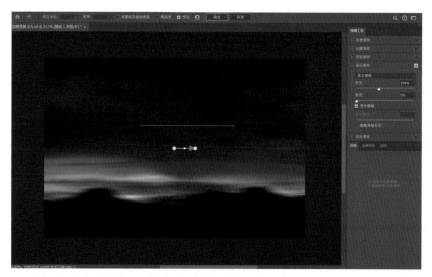

图 10-26

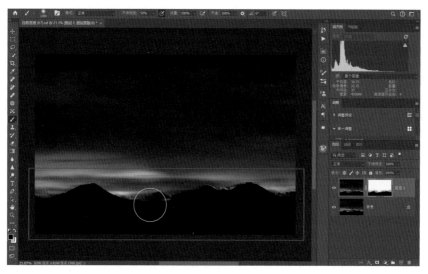

图 10-27

　　按键盘上的"Ctrl+Shift+A"组合键将照片导入 ACR，单击"蒙版"按钮，选择"线性渐变"，如图 10-29 所示。降低"曝光"和"对比度"，对天空添加一个线性渐变，如图 10-30 所示。最后单击"确定"按钮，返回 Photoshop 主界面，将照片转为 RGB 颜色模式，如图 10-31 所示。

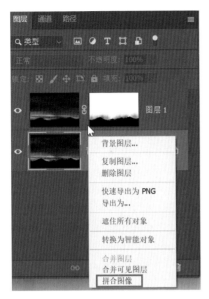

图 10-28

图 10-29

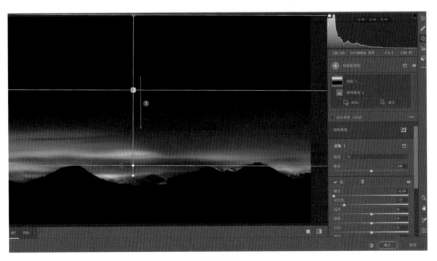

图 10-30

　　单击"曲线"按钮，在打开的曲线"属性"面板中，选择"红"曲线，点住红色曲线右上角的锚点向左拖动，增加画面的红色，之后选择"RGB"曲线，向下拖动右上角锚点，并在该曲线中间创建锚点向下拖动，压暗画面，如图 10-32 所示。最终制作完的玄色效果如图 10-33 所示。

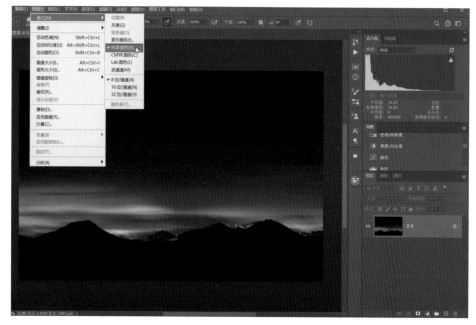

图 10-31

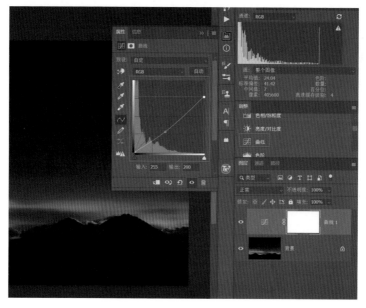

图 10-32

图 10-33

案例 2：云雾缭绕的山峰

下面再来讲解一个案例，首先将照片导入 ACR，如图 10-34 所示。然后拖动滑块调节照片的影调，如图 10-35 所示。单击"黑白"按钮，继续滑动滑块调节照片的影调，如图 10-36 所示。单击右下角的"打开"按钮，将其导入 Photoshop。

图 10-34

图 10-35

图 10-36

选择"套索工具",将照片中的太阳选中,如图 10-37 所示。单击鼠标右键,选择"填充",如图 10-38 所示。在弹出的对话框中单击"确定"按钮,将太阳去掉,效果如图 10-39 所示。

图 10-37

图 10-38

图 10-39

对天空进行处理，将背景图层拖动到创建新图层图标上，复制出一个背景图层，如图 10-40 所示。选择菜单栏中的"滤镜"—"模糊"—"动感模糊"，如

图 10-41 所示。在弹出的"动感模糊"对话框中调整"角度"和"距离",最后单击"确定"按钮,如图 10-42 所示。

图 10-40

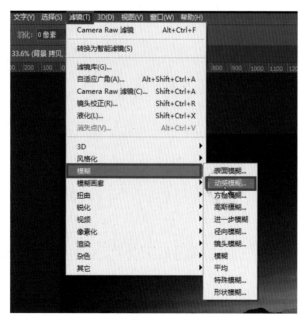

图 10-41

图 10-42

　　处理山体边缘的细节。单击眼睛图标隐藏上面的背景图层，用"快速选择工具"将天空选取出来，如图 10-43 所示。然后单击右下角的"添加图层蒙版"图标，对上面的图层添加蒙版，如图 10-44 所示。单击照片与蒙版之间的锁链图标，再单击照片，如图 10-45 所示。

图 10-43

图 10-44

选择菜单栏中的"编辑"—"自由变换",如图 10-46 所示。往下拖动照片,如图 10-47 所示。最后合并图层,如图 10-48 所示。

图 10-45

图 10-46

图 10-47

图 10-48

　　下面制作玄色，选择菜单栏中的"图像"—"模式"—"RGB 颜色"，如图 10-49 所示。然后单击"曲线"按钮，选择"红"通道，增加红色，如图 10-50 所示。选择"蓝"通道，通过减少蓝色来增加黄色，如图 10-51 所示。

选择"绿"通道，增加一点绿色，如图10-52所示。单击"曲线"按钮，通过调节曲线减弱曝光，并降低亮度，如图10-53所示。最后单击"可选颜色"按钮，选择"红色"，并增加黑色，如图10-54所示。

图 10-49

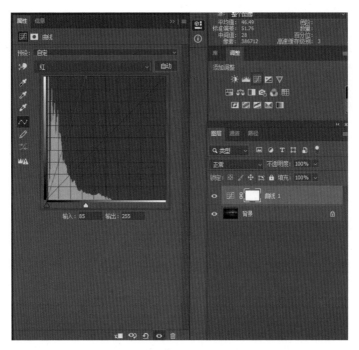

图 10-50

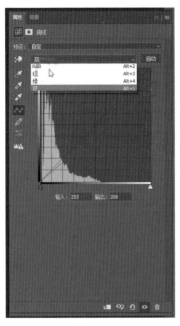

图 10-51

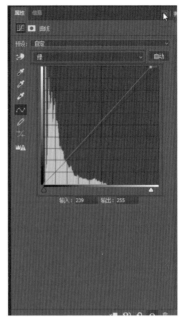

图 10-52

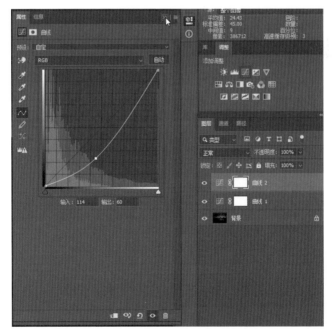

图 10-53

图 10-54

这时玄色就制作完成了，效果如图 10-55 所示，保存照片即可。

图 10-55

第 11 章
经典黑白影像中的锐化

　　本章将讲解经典黑白影像中的锐化的原理与应用方法。我们在之前的章节中已经学习了一些锐化的技巧和方法，本章将从原理到应用再对锐化做一个深入、详细的讲解。在黑白影像中有 3 种基本的锐化方法，分别是高反差保留法、Lab 明度锐化法和质感锐化法，这 3 种锐化法还可以衍生出一个分层锐化法。锐化旨在使图像的边缘、轮廓线以及图像的细节和纹理变得更加清晰，并使画面的质感得到提升。

11.1 锐化的原理

下面在 Photoshop 中讲解锐化的原理。首先新建一个画布，单击创建新图层图标，新建一个图层，如图 11-1 所示。然后用矩形选框工具画一个矩形，在打开的"拾色器（前景色）"对话框中选择中灰的颜色，最后单击"确定"按钮进行填充，如图 11-2 所示。再新建一个图层，画一个矩形并填充相同的中灰色，如图 11-3 所示。

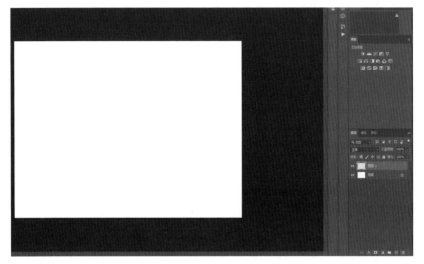

图 11-1

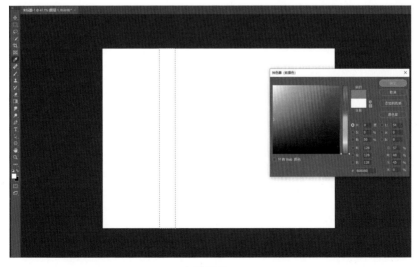

图 11-2

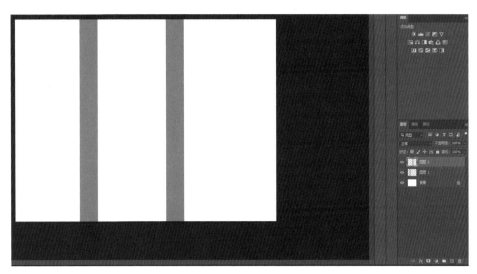

图 11-3

选中右边的矩形，选择菜单栏中的"编辑"—"描边"，如图 11-4 所示。在弹出的对话框中，将宽度设置为 1 像素，颜色设置为白色，然后单击"确定"按钮，如图 11-5 所示。选择菜单栏中的"选择"—"修改"—"扩展"，如图 11-6 所示。

图 11-4

图 11-5

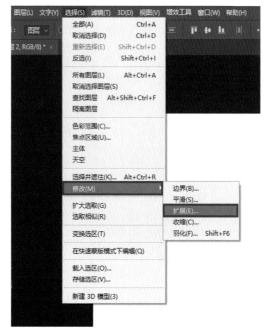

图 11-6

　　在弹出的对话框中将扩展量设置为 1 像素，然后单击"确定"按钮，如图 11-7 所示。再次对右边的矩形进行"描边"操作，在"描边"对话框中将颜色设置为黑色，单击"确定"按钮，如图 11-8 所示。这时将照片放大，如图 11-9 所示，能感觉到右边的矩形比左边的矩形质感更强。

图 11-7

图 11-8

　　如果觉得效果不明显，就单击右下角的"创建新的填充或调整图层"图标，

186

选择"纯色",如图 11-10 所示。在打开的"拾色器(纯色)"对话框中选择一个灰色,如图 11-11 所示。这时很明显地就能感受到右边的矩形比左边的矩形颗粒感更强,清晰度也更高,如图 11-12 所示。简单来说就是通过调整图像边缘的对比度使图像更加清晰、更有质感,这就是锐化的原理。

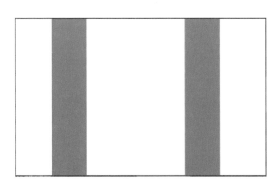

图 11-9

图 11-10

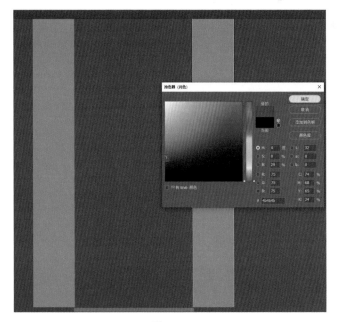

图 11-11

图 11-12

　　如果锐化过度，如图 11-13 所示，就会产生界限分离、画面对比度过大、色彩失真的问题，所以我们应对照片进行轻微或局部的锐化，这是非常重要的一点。

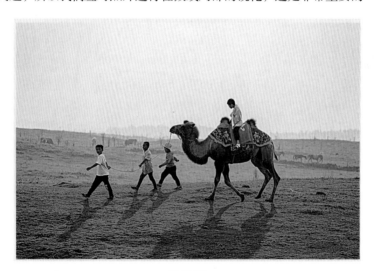

图 11-13

11.2　锐化的方法

高反差保留法

　　下面讲解锐化的第一种方法——高反差保留法。这种方法只适用于画面中边缘轮廓线较多的情况。首先将照片导入 ACR，单击"B&W"按钮将照片转为黑白，如图 11-14 所示。之后单击"Auto"按钮，让 ACR 对照片明暗进行优化，如果感觉效果不够理想，还可以手动调整各项参数，如图 11-15 所示。单击右下角的"打开"按钮，将其导入 Photoshop，如图 11-16 所示。

图 11-14

图 11-15

图 11-16

　　单击"亮度/对比度"按钮，将"对比度"调至最小，如图 11-17 所示，然后合并图层。复制一个背景图层，选择菜单栏中的"滤镜"—"其它"—"高反差保留"，如图 11-18 所示。在弹出的对话框中，"半径"参数是用来突显画面边缘的，这里将"半径"值调整到正好能看清画面中的边缘轮廓即可，单击"确定"按钮，如图 11-19 所示。

图 11-17

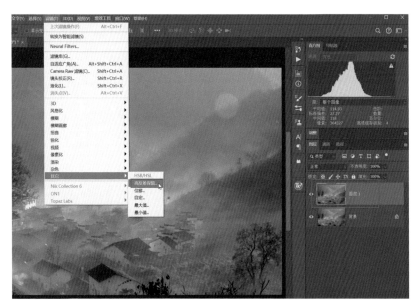

图 11-18

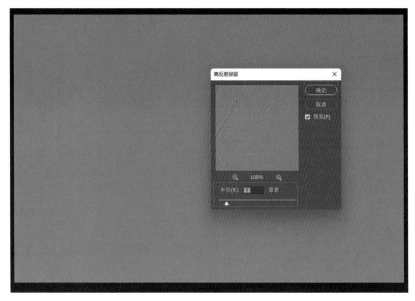

图 11-19

在"图层"面板中选择"线性光"混合模式，如图 11-20 所示。这时，照片就制作好了，这就是高反差保留法的应用。

图 11-20

Lab 明度锐化法

下面讲解锐化的第二种方法——Lab 明度锐化。该方法只对画面的明度做锐化，对画面的颜色不做锐化。首先将照片导入 Photoshop，如图 11-21 所示。选择菜单栏中的"图像"—"模式"—"Lab 颜色"，如图 11-22 所示。单击"通道"面板，选择"明度"通道，如图 11-23 所示。

图 11-21

图 11-22 图 11-23

选择菜单栏中的"滤镜"—"锐化"—"USM 锐化",如图 11-24 所示。在
弹出的对话框中给"半径"
设置一个较小的数值,给
"数量"设置一个较大的数
值,然后单击"确定"按
钮,如图 11-25 所示。重复
刚才的操作,在对话框中给
"半径"设置一个更小的数
值,单击"确定"按钮,如
图 11-26 所示。

图 11-24

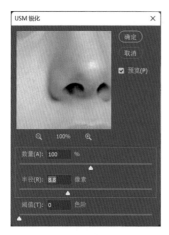

图 11-25   图 11-26

单击"RGB"通道,回到照片正常显示的状态,之后点开"图像"菜单,选择"模式",选择"RGB颜色",将照片的色彩模式改回正常的 RGB 颜色模式,这样照片的锐化就制作完成了,如图 11-27 所示,这就是 Lab 明度锐化法的应用。

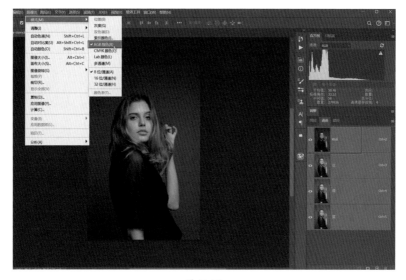

图 11-27

质感锐化法

下面讲解锐化的第三种方法——质感锐化法。将照片导入 Photoshop,如图 11-28 所示。将背景图层拖动到右下角的"创建新图层"图标上,复制出两个背景图层，将一个图层命名为"高"，另一个图层命名为"低"，如图 11-29 所示。单击眼睛图标，不显示"高"图层，选择"低"图层，然后选择菜单栏中的"滤镜"—"模糊"—"表面模糊"，如图 11-30 所示。

图 11-28

图 11-29

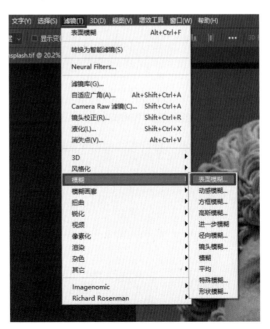

图 11-30

在弹出的对话框中通过调节"半径"值将画面中原有的颗粒感去除，如图11-31所示。显示并选择"高"图层，选择菜单栏中的"图像"—"应用图像"，如图11-32所示。在弹出的对话框中，将"图层"设置为低，"混合"设置为减去，"缩放"值设置为1，"补偿值"设置为128，最后单击"确定"按钮，如图11-33所示。

图 11-31

图 11-32

将混合模式设置为"线性光"，如图11-34所示。这时，照片就制作完成了，如图11-35所示，这就是质感锐化法的应用。

图 11-33

图 11-34

图 11-35

分层锐化法

下面通过案例讲解分层锐化法，该方法可以分不同的灰度级别进行局部锐化。

首先将照片导入 Photoshop，如图 11-36 所示。

我们要锐化该照片的中灰部分，首先就要将该照片的中灰部分选择出来。按键盘上的"Ctrl+A"组合键全选照片，如图 11-37 所示，之后单击打开"通道"面板。

图 11-36

图 11-37

接下来，按住键盘上的"Ctrl+Alt"组合键，鼠标单击"RGB"通道，这样可以从全部选区中减去高光选区，如图 11-38 所示。可以多次单击，多减去一些高光选区，确保只选中照片的暗部。

按键盘上的"Ctrl+Shift+I"组合键对选区进行反选，这样就选中了照片的高光和中间调区域，如图 11-39 所示。

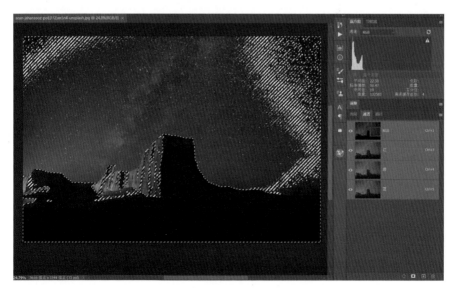

图 11-38

图 11-39

在"通道"面板中，再次按住键盘上的"Ctrl+Alt"组合键单击"RGB"通道，可以从高光和中间调选区中减去高光选区，如图 11-40 所示。可以多次单击，多减去一些高光选区，确保只选中照片的中间调，也就是中灰区域。

图 11-40

对于这张照片来说，实际上我们只需要锐化地面的中灰区域即可，不必锐化天空的中灰区域。所以，在工具栏中选择"快速选择工具"，设定"从选区减去"这种运算模式，在天空拖动，这样就可以排除天空的选区，最终只保留下了地面的中灰区域，如图 11-41 所示。

图 11-41

选择菜单栏中的"图像"—"模式"—"Lab 颜色"，将照片转为 Lab 颜色模式，如图 11-42 所示。

图 11-42

单击"通道",打开"通道"面板,只选择"明度"通道,如图 11-43 所示。

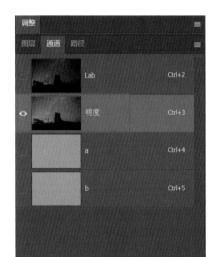

图 11-43

选择菜单栏中的"滤镜"—"锐化"—"USM 锐化",如图 11-44 所示。在弹出的对话框中设置较大的"半径"和"数量"值,然后单击"确定"按钮,对选区内的部分进行一次锐化,如图 11-45 所示。

图 11-44

重复上述操作，但要在弹出的对话框中设置较小的"半径"和"数量"值，然后单击"确定"按钮，完成二次锐化，如图 11-46 所示。

图 11-45

图 11-46

这样，我们就完成了对照片中灰部分的锐化操作。

之后，在"通道"面板中单击"Lab"通道，回到照片正常显示状态，如图 11-47 所示。再在菜单栏中选择"图像"—"模式"—"RGB 颜色"，将照片改为 RGB 颜色模式，如图 11-48 所示。

图 11-47

图 11-48

至此，我们就完成了照片的分层锐化处理。

最后，锐化前后的画面分别如图 11-49 和图 11-50 所示，可以看到，锐化之后的效果更理想、更自然。

图 11-49

图 11-50